本書の特長と使い方

中学理科の内容を圧倒的な問題 … 対策まで幅広く対応できるパーフェク …
学習内容１項目（１単元）を２ペー … を使って何度も問題にチャレンジでき …

中I　学習する学年を示しています。
重要度　入試における重要度を３段階で示しています。

解答のそばに、問題の解き方や考え方を示した 解説 を設けています。

一問一答

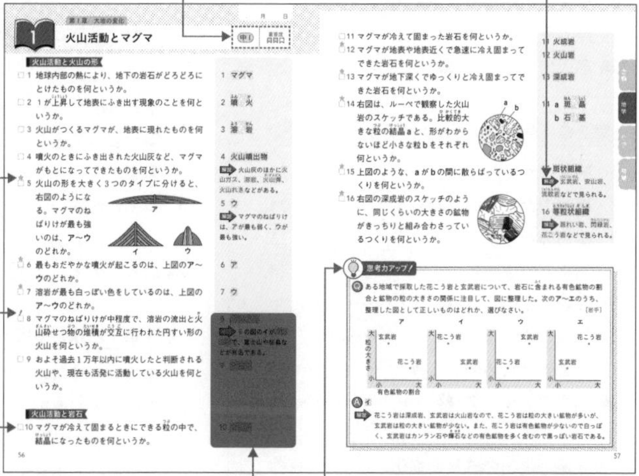

特によく出る問題には★をつけています。

難易度が高い問題・発展問題は！で示しています。

問題が解けるようになったら、チェック欄□に✓をしましょう。

第1章　大地の変化
月　日

1　火山活動とマグマ　中I　重要度

火山活動と火山の形

- □1 地球内部の熱により、地下の岩石がどろどろにとけたものを何というか。　1 マグマ
- □2 1が上昇して地表にふき出す現象のことを何というか。　2 噴火
- □3 火山がつくるマグマが、地表に現れたものを何というか。　3 溶岩
- □4 噴火のときにふき出された火山灰など、マグマがもとになってできたものを何というか。　4 火山噴出物
  解説 火山灰のほかに火山ガス、溶岩、火山弾、火山れきなどがある。
- ★□5 火山の形を大きく３つのタイプに分けると、右図のようになる。マグマのねばりけが最も強いのは、ア～ウのどれか。　5 ウ
  解説 マグマのねばりけは、アが最も弱く、ウが最も強い。
- ★□6 最もおだやかな噴火が起こるのは、上図のア～ウのどれか。　6 ア
- ★□7 溶岩が最も白っぽい色をしているのは、上図のア～ウのどれか。　7 ウ
- ！□8 マグマのねばりけが中程度で、溶岩の流出と火山砕せつ物の堆積が交互に行われた円すい形の火山を何というか。　8 成層火山
  解説 上の図のイが成層火山で、富士山や桜島などが有名である。
- □9 およそ過去１万年以内に噴火したと判断される火山や、現在も活発に活動している火山を何というか。　9 活火山

火山活動と岩石

- □10 マグマが冷えて固まるときにできる粒の中で、結晶になったものを何というか。　10 鉱物
- □11 マグマが冷えて固まった岩石を何というか。　11 火成岩
- ★□12 マグマが地表や地表近くで急速に冷え固まってできた岩石を何というか。　12 火山岩
- ★□13 マグマが地下深くでゆっくりと冷え固まってできた岩石を何というか。　13 深成岩
- ★□14 右図は、ルーペで観察した火山岩のスケッチである。比較的大きな粒の結晶aと、形がわからないほど小さな粒bをそれぞれ何というか。　14 a 斑晶　b 石基
- ★□15 上図のような、aがbの間に散らばっているつくりを何というか。　15 斑状組織
  解説 玄武岩、安山岩、流紋岩などで見られる。
- ★□16 右図の深成岩のスケッチのように、同じくらいの大きさの鉱物がきっちりと組み合わさっているつくりを何というか。　16 等粒状組織
  解説 斑れい岩、閃緑岩、花こう岩などで見られる。

56　57

思考力アップ！

Q ある地域で採取した花こう岩と玄武岩について、岩石に含まれる有色鉱物の割合と鉱物の粒の大きさの関係に注目して、図に整理した。次のア～エのうち、整理した図として正しいものはどれか、選びなさい。〔岩手〕

（図　ア・イ・ウ・エ　縦軸：粒の大きさ（小～大）、横軸：有色鉱物の割合（小～大）、玄武岩・花こう岩）

A イ

解説 花こう岩は深成岩、玄武岩は火山岩なので、花こう岩は粒の大きい鉱物が多いが、玄武岩は粒の大きい鉱物が少ない。また、花こう岩は有色鉱物が少ないので白っぽく、玄武岩はカンラン石や輝石などの有色鉱物を多く含むので黒っぽい岩石である。

消えるフィルターで解答をかくして、問題を解いていきましょう。

思考力アップ！・記述力アップ！
思考力問題や記述式問題に取り組み、入試に向けた実戦力を養いましょう。

図表でチェック

図や表を使った問題に取り組みましょう。

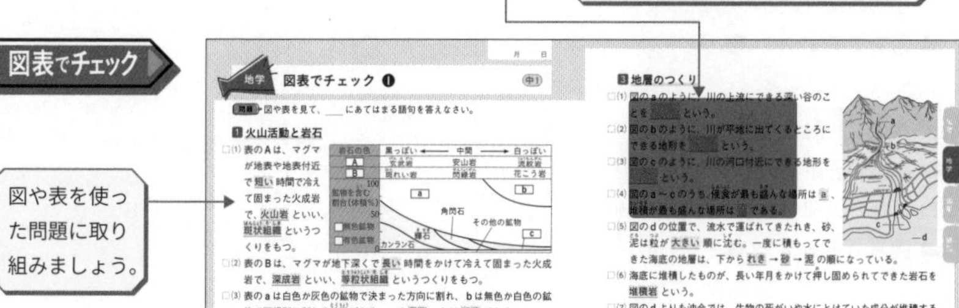

地学　図表でチェック ❶　中I
月　日

問題 図や表を見て、＿＿にあてはまる語句を答えなさい。

1 火山活動と岩石

- □(1) 表のAは、マグマが地表や地表付近で短い時間で冷えて固まった火成岩で、火山岩といい、斑状組織というつくりをもつ。
- □(2) 表のBは、マグマが地下深くで長い時間をかけて冷えて固まった火成岩で、深成岩といい、等粒状組織というつくりをもつ。
- □(3) 表のaは白色か灰色の鉱物で決まった方向に割れ、bは無色か白色の鉱物で不規則に割れる特徴がある。aは長石、bは石英である。
- □(4) 表のcは黒色の鉱物で、決まった方向にうすくはがれる特徴がある。こ…

岩石の色	黒っぽい ←	中間	→ 白っぽい
A	玄武岩	安山岩	流紋岩
B	斑れい岩	閃緑岩	花こう岩

3 地層のつくり

- □(1) 図のaのように、川の上流にできる深い谷のことを＿＿という。
- □(2) 図のbのように、川が平地に出てくるところにできる地形を＿＿という。
- □(3) 図のcのように、川の河口付近にできる地形を＿＿という。
- □(4) 図のa～cのうち、侵食が最も盛んな場所は a 、堆積が最も盛んな場所は c である。
- □(5) 図のdの位置で、流水で運ばれてきたれき、砂、泥は粒が大きい順に沈む。一度に積もってできた海底の地層は、下かられき→砂→泥の順になっている。
- □(6) 海底に堆積したものが、長い年月をかけて押し固められてできた岩石を堆積岩という。
- □(7) 図のdよりも沖合では、生物の死がいや水にとけていた成分が堆積する

目次

生物

第１章　生物の観察と分類　中1

1　身のまわりの生物の観察 …… 6
2　花のつくり …… 8
3　植物のなかまとその分類 ① …… 10
4　植物のなかまとその分類 ② …… 12
5　セキツイ動物のなかま ① …… 14
6　セキツイ動物のなかま ② …… 16
7　無セキツイ動物のなかま …… 18
図表でチェック ❶ …… 20

第２章　生物のからだのつくりとはたらき　中2

1　細胞のつくり …… 22
2　植物のからだのはたらき ① …… 24
3　植物のからだのはたらき ② …… 26
4　消化と吸収 …… 28
5　呼吸とそのしくみ …… 30
6　血液とその循環 …… 32
7　行動するためのしくみ …… 34
図表でチェック ❷ …… 36

第３章　生物の成長と進化　中3

1　生物の成長と細胞分裂 …… 40
2　生物のふえ方 …… 42
3　遺伝のしくみ …… 44
4　生物の進化とその歴史 …… 46
図表でチェック ❸ …… 48

第４章　自然と人間　中3

1　微生物と生物のつり合い …… 50
2　自然と人間のかかわり …… 52
図表でチェック ❹ …… 54

地学

第１章　大地の変化　中1

1　火山活動とマグマ …… 56
2　地震とそのゆれ …… 58
3　地層のつくり …… 60
4　地層と化石、大地の変動 …… 62
図表でチェック ❶ …… 64

第２章　天気とその変化　中2

1　気象の観測 …… 66
2　空気の圧力 …… 68
3　霧や雲のでき方 …… 70
4　気圧と風 …… 72
5　気団と前線 …… 74
6　日本の天気 …… 76
図表でチェック ❷ …… 78

第３章　地球と宇宙　中3

1　天体の日周運動と自転 …… 80
2　天体の年周運動と公転 …… 82
3　太陽のつくり …… 84
4　月の運動と満ち欠け …… 86
5　太陽系とその他の天体 …… 88
図表でチェック ❸ …… 90

化学

第1章　物質のすがた　中1

1　実験器具の扱い方 …… 94
2　身のまわりの物質の性質 …… 96
3　気体とそのつくり方 ① …… 98
4　気体とそのつくり方 ② …… 100
5　水溶液 …… 102
6　物質の状態変化 …… 104
図表でチェック ❶ …… 106

第2章　化学変化と原子・分子　中2

1　物質の分解 …… 108
2　物質と原子・分子 …… 110
3　化学式と化学反応式 …… 112
4　物質が結びつく化学変化 …… 114
5　酸化と還元、化学変化と熱 …… 116
6　化学変化と物質の質量 …… 118
図表でチェック ❷ …… 120

第3章　化学変化とイオン　中3

1　水溶液とイオン …… 124
2　化学変化と電流の発生 …… 126
3　酸・アルカリの性質とイオン …… 128
4　中和と塩 …… 130
図表でチェック ❸ …… 132

物理

第1章　光・音・力　中1

1　光の反射と屈折 …… 136
2　凸レンズと像 …… 138
3　音の性質 …… 140
4　力とその表し方 …… 142
5　ばねののび、力のつり合い …… 144
図表でチェック ❶ …… 146

第2章　電　流　中2

1　電流と電圧 …… 148
2　オームの法則 …… 150
3　電流と光や熱 …… 152
4　静電気と電流 …… 154
5　電流と磁界 …… 156
図表でチェック ❷ …… 158

第3章　運動とエネルギー　中3

1　水の深さと圧力 …… 160
2　力の合成と分解 …… 162
3　運動のようすとその表し方 …… 164
4　仕事と仕事の原理 …… 166
5　力学的エネルギーの保存 …… 168
図表でチェック ❸ …… 170

第4章　科学技術と人間　中3

1　エネルギーとエネルギー資源 …… 172
2　科学技術の発展と自然環境 …… 174
図表でチェック ❹ …… 176

編集協力　エディット
装丁デザイン　ブックデザイン研究所
本文デザイン　A.S.T DESIGN
図　版　ユニックス
写真提供　ピクスタ

本書に関する最新情報は、小社ホームページにある**本書の「サポート情報」**をご覧ください。(開設していない場合もございます。)
なお、この本の内容についての責任は小社にあり、内容に関するご質問は直接小社におよせください。

BIOLOGY

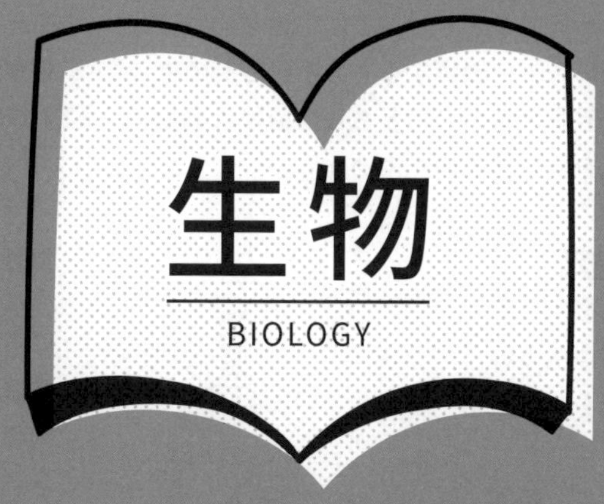

第1章 | 生物の観察と分類 …… 6

第2章 | 生物のからだのつくりとはたらき …… 22

第3章 | 生物の成長と進化 …… 40

第4章 | 自然と人間 …… 50

月　　日

身のまわりの生物の観察

中1　重要度

ルーペの使い方

□ 1 失明の危険があるので、ルーペを使うとき、観察するものを何にかざして見てはいけないか。

★□ 2 ルーペの使い方で、観察するものが動かせるときは、顔と観察するもののどちらを前後に動かしてピントを合わせるのがよいか。

顕微鏡の使い方

□ 3 顕微鏡(けんびきょう)で観察するとき、顕微鏡は明るいところに置くが、注意することは何か。

□ 4 右図のような、鏡筒(きょうとう)が上下する顕微鏡で、aを何というか。

a
鏡筒
調節ねじ
レボルバー
b
ステージ
しぼり
反射鏡

□ 5 図のbを何というか。

□ 6 図のaとbでは、どちらを先にとりつけるか。

□ 7 視野全体が明るくなるようにするには、しぼりと何を調整するか。

□ 8 ふつう、はじめは低倍率、高倍率のどちらで観察するか。

★□ 9 倍率を高くすると、視野の明るさはどうなるか。

★□10 接眼レンズが10倍、対物レンズが4倍のとき、顕微鏡の倍率は何倍か。

□11 顕微鏡で観察しようとするものをスライドガラスの上にのせてから水や染色液(せんしょくえき)を落とし、その上からカバーガラスをかけたものを何というか。

★□12 顕微鏡のピントは、対物レンズと11を近づけながら合わせるか、遠ざけながら合わせるか。

1 **太陽**

2 **観察するもの**

解説 観察するものが動かせないときは、顔を動かしてピントを合わせる。

3 **直射日光の当たらない水平なところに置く**

4 **接眼レンズ**

5 **対物レンズ**

6 **a**

解説 ゴミが入らないようにするため。

7 **反射鏡**

8 **低倍率**

解説 低倍率のほうが視野が広いので、観察する部分を見つけやすい。

9 **暗くなる**

10 **40倍**

解説 顕微鏡の倍率＝接眼レンズの倍率×対物レンズの倍率

11 **プレパラート**

12 **遠ざけながら合わせる**

解説 対物レンズとプレパラートがぶつかるのを防ぐため。

双眼実体顕微鏡の使い方

□13 双眼実体顕微鏡の倍率は、次の**ア**～**ウ**のどれか。
ア　5～10倍　　**イ**　20～40倍
ウ　200～600倍

13 **イ**
解説 ルーペで見るには小さすぎるものを観察するのに適している。

★□14 双眼実体顕微鏡には2つの接眼レンズがあり、両目で見るため、観察するものはどのように見えるか。

14 **立体的に見える**

★□15 双眼実体顕微鏡のピントの合わせ方は、次の**ア**、**イ**のどちらか。
ア　右目、左目でそれぞれピントを合わせる。
イ　両目で同時にピントを合わせる。

15 **ア**
解説 右目と左目それぞれの視力に合わせられるようになっている。

水中の小さな生物

□16 水中の小さな生物を顕微鏡で観察するには、水道の水と池の水のどちらを用いればよいか。

16 **池の水**

□17 顕微鏡の、より低倍率で観察できるのはA、Bのどちらか。

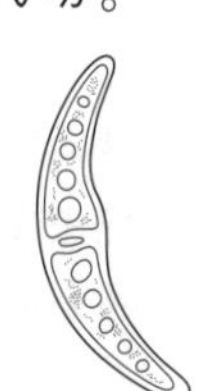

17 **A**

□18 Aの生物は何か。

18 **ミジンコ**

□19 Bの生物は何か。

19 **ミカヅキモ**

□20 からだが緑色をしているのはA、Bのどちらか。

20 **B**

思考力アップ！

Q 顕微鏡でプレパラートを観察したとき、図のPの位置に観察したいものが見えた。Pを視野の中央に移動させて観察するとき、プレパラートはどの向きに動かせばよいか、図の**ア**～**エ**から選びなさい。　［滋賀］

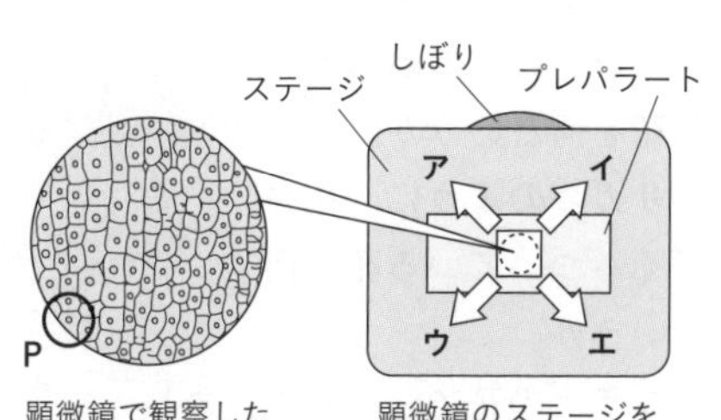

顕微鏡で観察したときの視野　　顕微鏡のステージを真上から見た模式図

 **ウ**

解説 顕微鏡で見える像は、上下左右が逆になっている。端に見える像を視野の中央に移動させるには、像を見ながら動かしたい方向と逆の方向にプレパラートを動かす。

花のつくり

重要度

花のつくり

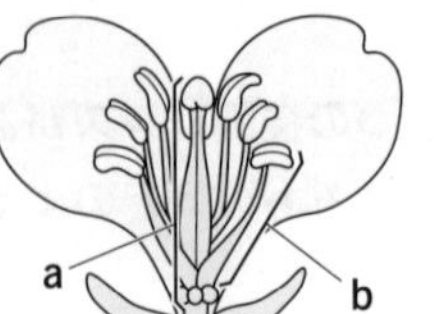

□ 1 アブラナの花のつくりは、右図のようになっている。aの部分を何というか。	1 めしべ
□ 2 aの先端（せんたん）の部分を何というか。	2 柱頭
□ 3 2は湿（しめ）ってねばねばしている。これにはどのような利点があるか。	3 花粉がつきやすい
★□ 4 aの根もとの膨（ふく）らんだ部分を何というか。	4 子房（しぼう）
★□ 5 4の中にある小さな粒（つぶ）を何というか。	5 胚珠（はいしゅ）
□ 6 bの部分を何というか。	6 おしべ
□ 7 6の先端にある袋状（ふくろじょう）になっている部分を何というか。	7 やく
□ 8 7の中に入っているものは何か。	8 花粉
□ 9 花の中では最も大きく、昆虫（こんちゅう）などに目立つようにいろいろな色をしているものが多い部分を何というか。	9 花弁
□10 花のつくりで、いちばん外側には、ふつう、何があるか。	10 がく
□11 右図のサクラのように、花弁が１枚ずつ離（はな）れている花を何というか。	11 離弁花（りべんか）
□12 アサガオのように、花弁がくっついている花を何というか。	12 合弁花
★□13 アブラナの花で、おしべ、めしべ、花弁、がくを花の外側についているものから順に並べよ。	13 がく→花弁→おしべ→めしべ
!□14 １つの花に、おしべとめしべの両方をもつ花を何というか。	14 両性花

解説　どちらか一方だけをもつ花を単性花という。

子孫のふやし方

□15 花粉が、花の中にあるめしべの柱頭につくことを何というか。

★□16 15が行われると、子房(しぼう)が成長して何になるか。

★□17 15が行われて子房が成長すると、子房の中にある胚珠(はいしゅ)は何になるか。

□18 右図は、マツの枝である。雌花(めばな)はa、bのどちらか。

□19 マツの雌花や雄花(おばな)に花弁やがくはあるか。

□20 右図は、マツの花のりん片(ぺん)である。雄花のりん片はア、イのどちらか。

★□21 cはやがて種子になる部分である。この部分を何というか。

□22 dの部分には何が入っているか。

!□23 昆虫(こんちゅう)によって花粉が運ばれ、受粉が行われる花のことを何というか。

15 **受粉**

16 **果実**

17 **種子**

18 **a**

19 **ない**

20 **イ**

21 **胚珠**

解説 マツの雌花のりん片には、胚珠がむき出しでついている。

22 **花粉**

解説 マツの雄花のりん片には、花粉が入っている花粉のう(d)がある。

23 **虫媒花(ちゅうばいか)**

解説 風によって花粉が運ばれる花を風媒花という。

記述力アップ!

Q 校庭に生えていたタンポポの花をルーペで観察した。右図は、観察したタンポポの花をスケッチしたものである。このスケッチには、記録のしかたとして適切でないところがある。それはどんなところか、簡潔に答えなさい。［高知－改］

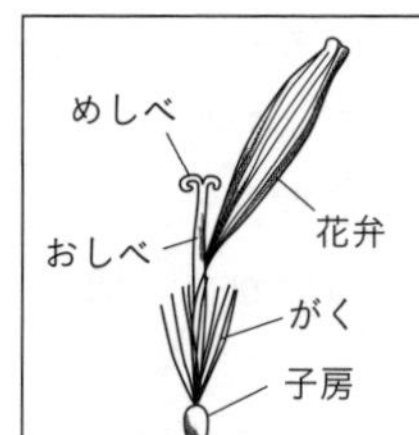

A **影(かげ)をつけてかいているところ。**

解説 スケッチをするときは、細い線と点で、目的とするものだけをはっきりとかくとよい。細かい部分がわかりにくくなるので、線を重ねたり影をつけたりはしない。

3 植物のなかまとその分類 ①

月　日

重要度

種子をつくる植物のなかま

□ 1 花を咲かせて種子でふえる植物のなかまを何というか。

★□ 2 1のうち、胚珠が子房の中にある植物のなかまを何というか。

★□ 3 1のうち、胚珠がむき出しになっている植物のなかまを何というか。

□ 4 マツ、イチョウ、アブラナのうち、被子植物はどれか。

□ 5 植物の種子が発芽するときに、最初に出る葉を何というか。

★□ 6 被子植物のうち、5が1枚の植物のなかまを何というか。

★□ 7 被子植物のうち、5が2枚の植物のなかまを何というか。

□ 8 トウモロコシ、ヒマワリのうち、単子葉類はどちらか。

□ 9 双子葉類のうち、花弁がくっついている花が咲くなかまを何というか。

□ 10 双子葉類のうち、花弁が1枚ずつ離れている花が咲くなかまを何というか。

★□ 11 双子葉類を花弁のようすで分けたとき、右図のタンポポやアサガオ、ツツジなどが含まれるなかまを何というか。

★□ 12 双子葉類を花弁のようすで分けたとき、アブラナ、サクラ、エンドウなどが含まれるなかまを何というか。

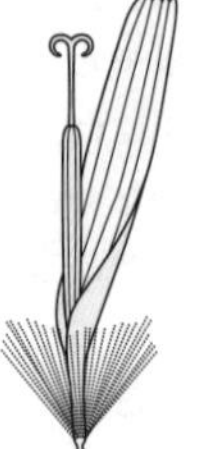

1 種子植物

2 被子植物

3 裸子植物

4 アブラナ

5 子葉

6 単子葉類

7 双子葉類

8 トウモロコシ

9 合弁花類

10 離弁花類

11 合弁花類

解説 タンポポは、左図で1つの花。5枚の花弁がくっついている。

12 離弁花類

被子植物の葉や根のつくり

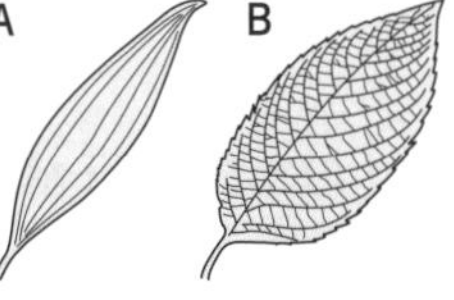

□13 右図のAやBの葉に見られる、すじのようなつくりを何というか。

□14 被子植物のうち、13がAのようになっているなかまを何というか。

★□15 右図のaのような根を何というか。

★□16 右図のbとcのような根をそれぞれ何というか。

□17 双子葉類の根のつくりは、上図のア、イのどちらか。

□18 単子葉類の根のつくりは、上図のア、イのどちらか。

★□19 上図のア、イのどちらの根の先端近くにも見られる、細い毛のようなつくりを何というか。

13 **葉脈**

14 **単子葉類**

解説 単子葉類の葉脈は平行脈、双子葉類の葉脈は網状脈である。

15 **ひげ根**

16 b **主根**
c **側根**

17 **イ**

18 **ア**

19 **根毛**

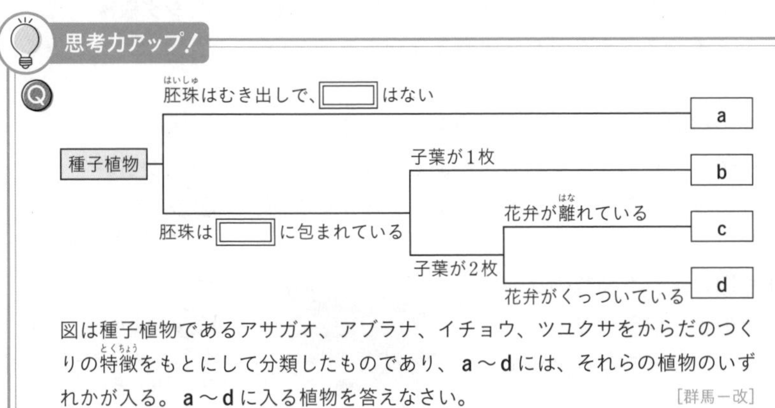

図は種子植物であるアサガオ、アブラナ、イチョウ、ツユクサをからだのつくりの特徴をもとにして分類したものであり、a～dには、それらの植物のいずれかが入る。a～dに入る植物を答えなさい。 ［群馬一改］

A a **イチョウ**　b **ツユクサ**　c **アブラナ**　d **アサガオ**

解説 図の□には子房が入る。

月　日

植物のなかまとその分類 ②

中1　重要度

裸子植物

★□ 1 マツ、イチョウ、アブラナのうち、裸子植物(らししょくぶつ)はどれか、すべて答えよ。

□ 2 裸子植物には、種子ができるか。

□ 3 裸子植物には、果実ができるか。

□ 4 裸子植物の果実について、3の答えのようになるのはなぜか。

□ 5 右図はイチョウを表している。aの花を何というか。

□ 6 bの花を何というか。

□ 7 右図は、bの花を拡大したものである。cの部分を何というか。

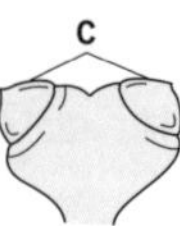

種子をつくらない植物のなかま

□ 8 種子をつくらない植物のなかまで、ワラビ、ゼンマイ、スギナなどが含(ふく)まれるなかまを何というか。

★□ 9 8の植物には、根、茎(くき)、葉の区別があるか。

□ 10 種子をつくらない植物のなかまで、スギゴケ、ゼニゴケ、ミズゴケなどが含まれるなかまを何というか。

★□ 11 右図は、シダ植物のなかまのイヌワラビである。イヌワラビの茎は**ア**～**エ**のどれか。

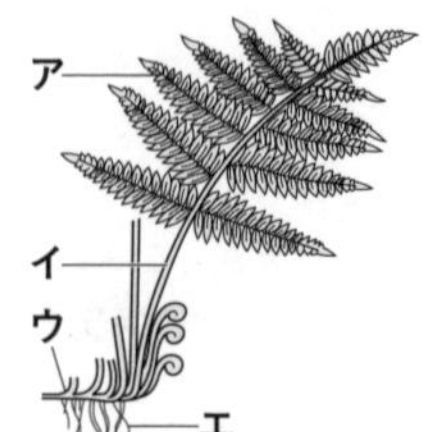

---

1 マツ、イチョウ

2 できる

3 できない

4 子房(しぼう)がないから

解説 受粉後に果実になる部分は子房である。

5 雄花(おばな)

6 雌花(めばな)

7 胚珠(はいしゅ)

8 シダ植物

9 ある

10 コケ植物

解説 シダ植物もコケ植物も光合成を行う。

11 ウ

解説 アとイで、まとめて葉。イヌワラビの茎はウで地中にある。

☆□12 シダ植物は何をつくってふえているか。

12 胞子

☆□13 12はシダ植物のからだの何というところに入っているか。

13 胞子のう

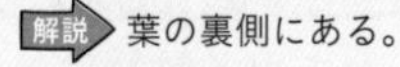
解説 葉の裏側にある。

□14 右図は、コケ植物のなかまのスギゴケである。雌株はA、Bのどちらか。

14 A

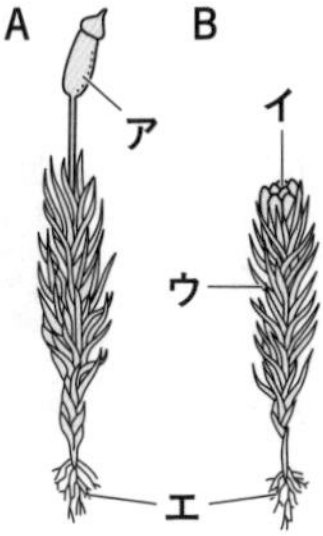

□15 コケ植物には、根、茎、葉の区別があるか。

15 ない

□16 コケ植物は何をつくってふえているか。

16 胞子

☆□17 16がつくられるのは、図の**ア**～**エ**のどれか。

17 ア

☆□18 コケ植物には、根のようなつくりに見えるが水分を吸収するはたらきがほとんどなく、からだを地面などに固定するはたらきをもつ部分がある。何というか。

18 仮根

□19 18は、図の**ア**～**エ**のどれか。

19 エ

思考力アップ！

Q 右の**図1**～**3**は、エンドウ、イヌワラビ、ゼニゴケをそれぞれ表したものであり、エンドウとイヌワラビについては、矢印で示した部分のつくりを□の中に表している。図中の**a**～**g**についての説明として最も適するものを、次の**ア**～**エ**から選びなさい。 ［神奈川一改］

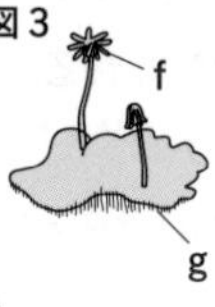

ア aとdの主な役割は、どちらも花粉をつくることである。

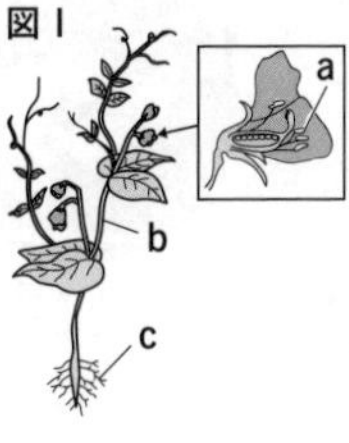

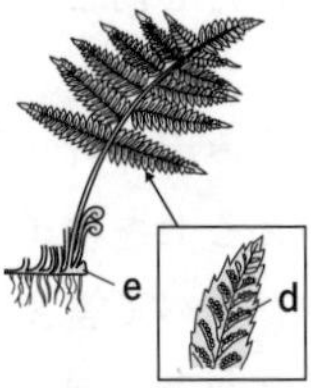

イ cとgの主な役割は、どちらも水を吸収することである。

ウ bとeはどちらも茎である。

エ dとfはどちらも種子をつくるところである。

A ウ

解説 gは仮根で、からだを固定するはたらきをする。dとfはどちらも胞子をつくる。

月　日

セキツイ動物のなかま ①

中１　重要度

セキツイ動物の分類

□ 1 セキツイ動物は、からだに何がある動物か。

□ 2 セキツイ動物のなかまのうち、カエルやイモリは何類か。

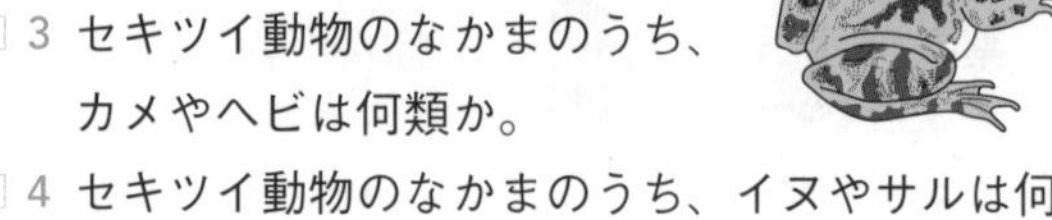

□ 3 セキツイ動物のなかまのうち、カメやヘビは何類か。

□ 4 セキツイ動物のなかまのうち、イヌやサルは何類か。

□ 5 セキツイ動物のなかまのうち、フナやイワシは何類か。

□ 6 セキツイ動物のなかまのうち、ハトやニワトリは何類か。

! □ 7 サメ、ペンギン、イルカ、ウミガメのうち、ホ乳類はどれか。

子の生まれ方

★ □ 8 親が卵を産み、卵から子が生まれるふえ方を何というか。

□ 9 卵が陸上に産み出され、子が陸上でかえるセキツイ動物は何類か、すべて答えよ。

□ 10 9の卵には殻（から）があるか。

□ 11 卵が水中に産み出され、子が水中でかえるセキツイ動物は何類か、すべて答えよ。

★ □ 12 子が、母体内である程度育ってから生まれるふえ方を何というか。

□ 13 12のようなふえ方をするセキツイ動物は何類か。

---

1 背骨

2 両生類

3 ハ虫類

4 ホ乳類

5 魚類

6 鳥類

7 イルカ

解説 サメは魚類、ペンギンは鳥類、ウミガメはハ虫類である。

8 卵生（らんせい）

解説 卵の中には、子が育つように多くの栄養分が入っている。

9 ハ虫類、鳥類

10 ある

11 魚類、両生類

解説 卵には殻がないので、卵は水中でなければ育つことができない。

12 胎生（たいせい）

13 ホ乳類

子の育ち方

★
□ 14 セキツイ動物のなかまのうち、ふつう親が世話をしなくても卵が育って、子がかえるのは何類か、すべて答えよ。

□ 15 14の卵からかえった子は、自分で食物をとるようになる。このうち、水中に泳ぎ出して育つのは何類か、すべて答えよ。

□ 16 セキツイ動物のなかまのうち、親が卵をあたためて育て、子がかえるのは何類か。

□ 17 セキツイ動物のなかまのうち、卵からかえった子が、しばらくの間、親から食物を与(あた)えられるのは何類か。

□ 18 セキツイ動物のなかまのうち、生まれた子が、しばらくの間、雌(めす)の親が出す乳で育てられるのは何類か。

!
□ 19 セキツイ動物のなかまのうち、ふつう1回に産む卵の数が多いのは何類か。多いものから順に2つ答えよ。

14 **魚類、両生類、ハ虫類**

15 **魚類、両生類**

16 **鳥　類**

17 **鳥　類**

18 **ホ乳類**

19 **魚類、両生類**

解説 子がほかの動物に食べられてしまう動物ほど卵を多く産む。

記述力アップ！

Q 森林にある池を観察すると、水中にコイの卵があった。また、池の近くにはトカゲの卵があった。コイは水中に産卵(さんらん)するのに対して、トカゲは陸上に産卵する。トカゲの卵のつくりは、からだのつくりと同様に、陸上の生活環境(かんきょう)に適していると考えられる。トカゲの卵のつくりが、陸上の生活環境に適している理由を、コイの卵のつくりと比べたときの、トカゲの卵のつくりの特徴(とくちょう)がわかるように、簡潔に答えなさい。 ［静岡］

A **トカゲの卵には殻(から)があり、乾燥(かんそう)に強いから。**

解説 トカゲなどのハ虫類の卵には弾力(だんりょく)のある殻があり、乾燥に強い。ハトなどの鳥類の卵にも殻があり、乾燥に強いが、ハ虫類とは異なり殻はかたい。
また、コイなどの魚類の卵には殻がなく、乾燥に弱い。カエルなどの両生類の卵にも殻はなく、乾燥に弱いが、魚類と異なり寒天状のものに包まれている。

月　日

6 セキツイ動物のなかま ②

中1　重要度 

呼吸のしかた

□ 1 セキツイ動物のなかまのうち、一生、肺で呼吸するのは何類か、すべて答えよ。

1 ハ虫類、鳥類、ホ乳類

□ 2 セキツイ動物のなかまのうち、一生、えらで呼吸するのは何類か。

2 魚類

★□ 3 セキツイ動物のなかまのうち、子のときはえらと皮膚(ひふ)で呼吸し、成長すると肺と皮膚で呼吸するのは何類か。

3 両生類

解説 両生類は、皮膚も呼吸に役立ち、皮膚の下の毛細血管を通った血液には、酸素が多く含(ふく)まれる。

からだの表面のようす

□ 4 フナやサンマなどの魚類のからだの表面は、何で覆(おお)われているか。

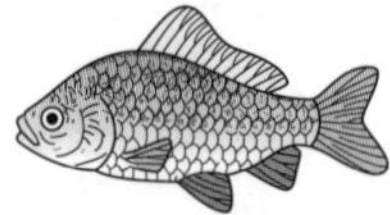

4 うろこ

★□ 5 セキツイ動物のなかまのうち、からだがかたいうろこで覆われていて、乾燥(かんそう)に強いのは何類か。

5 ハ虫類

★□ 6 セキツイ動物のなかまのうち、うろこがなく、皮膚が湿(しめ)っていて、乾燥に弱いのは何類か。

6 両生類

解説 からだの表面は粘液(ねんえき)で覆われている。

★□ 7 ニワトリやスズメなどの鳥類のからだは、大部分が何で覆われているか。

7 羽毛(うもう)

□ 8 イヌやウサギなどのホ乳類のからだは、やわらかい何で覆われているか。

8 毛

セキツイ動物の特徴

□ 9 セキツイ動物のなかまのうち、卵生(らんせい)で、からだの表面が羽毛で覆われている動物は何類か。

9 鳥類

□ 10 セキツイ動物のなかまのうち、卵生で、からだの表面がうろこで覆われ、乾燥に強い動物は何類か。

10 ハ虫類

□ 11 セキツイ動物のなかまのうち、一生、えらで呼吸をする卵生の動物は何類か。

11 魚類

草食動物と肉食動物

□12 獲物(えもの)をとらえ、肉を食べて生活する動物を何というか。

□13 植物を食べて生活する動物を何というか。

★□14 右図は、それぞれの動物の視野を示している。**図1**の動物は、12、13のどちらか。

図1

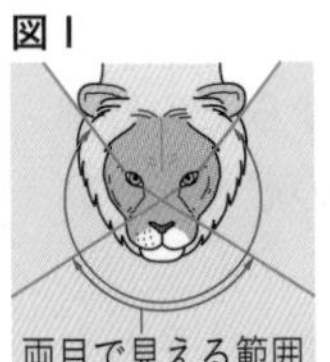

図2

★□15 **図2**の動物は目が横についている。この動物の見わたせる範囲(はんい)を、図中の記号を使って**AB**のように示せ。

□16 肉食動物で発達している歯で、獲物をとらえるための鋭(するど)い歯は何か。

□17 草食動物で発達している歯で、草をすりつぶすための歯は何か。

体温の保ち方

!□18 まわりの温度が変化しても、体温をほぼ一定に保つことができる動物を何というか。

!□19 まわりの温度の変化にともなって体温が変化する動物を何というか。

12 **肉食動物**

13 **草食動物**

14 **12**

15 **ABC**

解説 視野が広いのは草食動物、両目で立体的に見える範囲が広いのは肉食動物である。

16 **犬歯**

17 **臼歯(きゅうし)**

18 **恒温動物(こうおんどうぶつ)**

解説 鳥類、ホ乳類は恒温動物である。

19 **変温動物**

解説 魚類、両生類、ハ虫類は変温動物である。

記述力アップ！

Q 図の鳥は肉食であり、獲物をとらえるために適した特徴(とくちょう)をいくつかもっている。そのうち、図からわかる目の特徴について答えなさい。また、その特徴の利点を答えなさい。［石川］

A 特徴 **目が前向きについている。**
利点 **（立体的に見える範囲が広く、）獲物との距離(きょり)をはかりやすい。**

解説 目が前向きについていると、両目で見る範囲が広がる。両目で見ることで、立体的に見え、獲物との距離をはかりやすくなり、狩(か)りに役立つ。

無セキツイ動物のなかま

中1　重要度

バッタやエビのなかま

□ 1 バッタやエビやタコのように、からだに背骨がない動物をまとめて何というか。

□ 2 バッタやエビなどのなかまには、からだの外側を覆(おお)っているかたい殻(から)がある。この殻を何というか。

□ 3 バッタやエビのように、背骨がなく、2をもち、からだとあしに節のある動物を何というか。

□ 4 3のなかまのうち、バッタやチョウなどをまとめて何類というか。

□ 5 4のなかまのからだは、右図のように分かれている。aの部分を何というか。

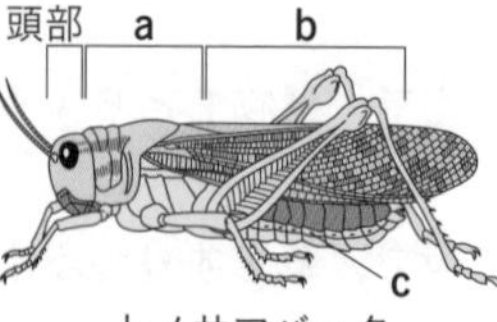

トノサマバッタ

□ 6 図のbの部分を何というか。

□ 7 図のcは、からだの外に開いているところで、ここから空気をとり入れている。この部分を何というか。

□ 8 図のcでとり入れられた空気は、何という器官によってからだ中に送られるか。

□ 9 節足動物のなかまのうち、エビやカニなどをまとめて何類というか。

□ 10 水中にすむ9のなかまのザリガニは、何という器官で呼吸をしているか。

□ 11 9のなかまのからだは、腹部と何という部分に分かれているか。

□ 12 カエルにおけるおたまじゃくし、モンシロチョウにおけるあおむしのように、動物が親になる前の状態を何というか。

---

1 無セキツイ動物

2 外骨格
解説 からだを支えて内部を保護している。

3 節足動物

4 昆虫類(こんちゅうるい)

5 胸部
解説 3対(つい)のあしと2対のはねは、胸部についている。

6 腹部

7 気門

8 気管

9 甲殻類(こうかくるい)
解説 オカダンゴムシやミジンコなども甲殻類である。

10 えら

11 頭胸部

12 幼生
解説 幼生が成長し、生殖(せいしょく)活動を行えるようになった状態を成体とよぶ。

タコ、イカやアサリのなかま

13 タコやイカなどのなかまには、内臓を包みこむやわらかい膜(まく)がある。この膜を何というか。

14 タコやイカなどのなかまのからだとあしには節があるか。

15 アサリやマイマイ(カタツムリ)は、外とう膜の表面を何が覆(おお)っているか。

16 タコやイカ、アサリやマイマイなどのように、背骨がなく、外とう膜をもち、からだやあしに節がない動物を何というか。

17 16のあしには外骨格はないが、何のはたらきであしを動かしているか。

18 水中で生活するタコやイカは、何という器官で呼吸をしているか。

19 陸上で生活するマイマイは、何という器官で呼吸をしているか。

20 カエル、ウニ、クラゲのうち、無セキツイ動物はどれか、すべて答えよ。

13 外とう膜

14 ない

15 貝殻(かいがら)

16 軟体動物(なんたいどうぶつ)

17 筋肉

18 えら

19 肺

20 ウニ、クラゲ

解説 無セキツイ動物には、節足動物と軟体動物以外の動物もいる。

記述力アップ!

Q 軟体動物であるアサリのからだのつくりは、右図のように模式的に表すことができる。アサリのあしは筋肉でできており、昆虫類(こんちゅうるい)や甲殻類(こうかくるい)のあしに見られる特徴(とくちょう)とは異なる。昆虫類や甲殻類のあしに見られる特徴について、簡潔に答えなさい。 [三重一改]

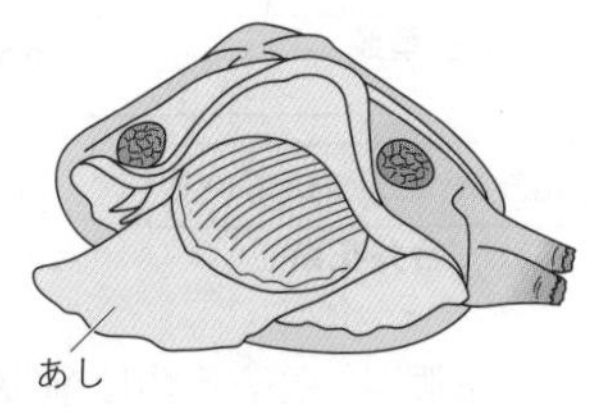

A **節のある外骨格で覆われている。**

解説 背骨がなく、からだとあしが節のある外骨格で覆われている動物を節足動物という。昆虫類と甲殻類のなかまは節足動物である。

月　　日

図表でチェック ❶

中1

問題 図を見て、____にあてはまる語句を答えなさい。

1 双眼実体顕微鏡の使い方

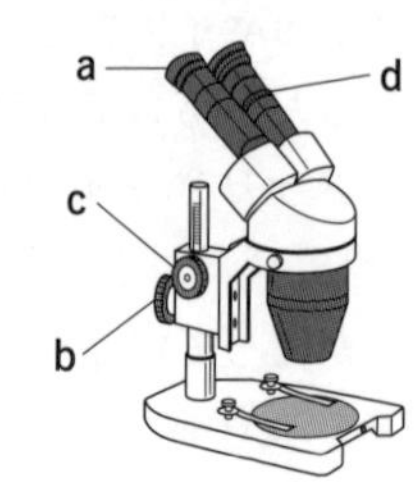

□(1) 鏡筒を調節し、a 接眼レンズ を目の幅に合わせる。

□(2) b 粗動ねじ を回して鏡筒を上下させ、観察物がだいたい見えるようにする。

□(3) 右目でのぞきながら、c 微動ねじ(調節ねじ) を回してピントを合わせる。

□(4) 左目でのぞきながら、d 視度調節リング を回してピントを合わせる。

2 植物の分類

□(1) 図の空欄にあてはまる語句を答えよ。

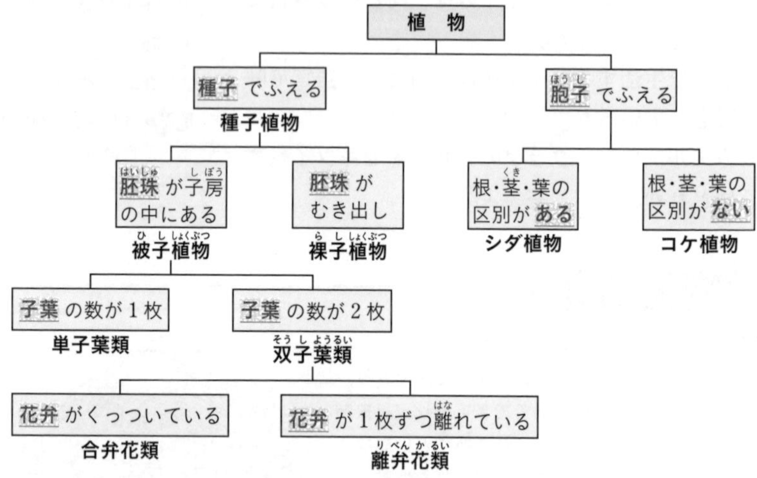

□(2) 葉の葉脈は、双子葉類は 網状脈 になっていて、単子葉類は 平行脈 になっている。

□(3) 根のつくりでは、双子葉類は太い 主根 とそこから出る細い 側根 をもち、単子葉類は ひげ根 というたくさんの細い根をもっている。

3 動物の分類

□ 図の空欄にあてはまる語句を答えよ。

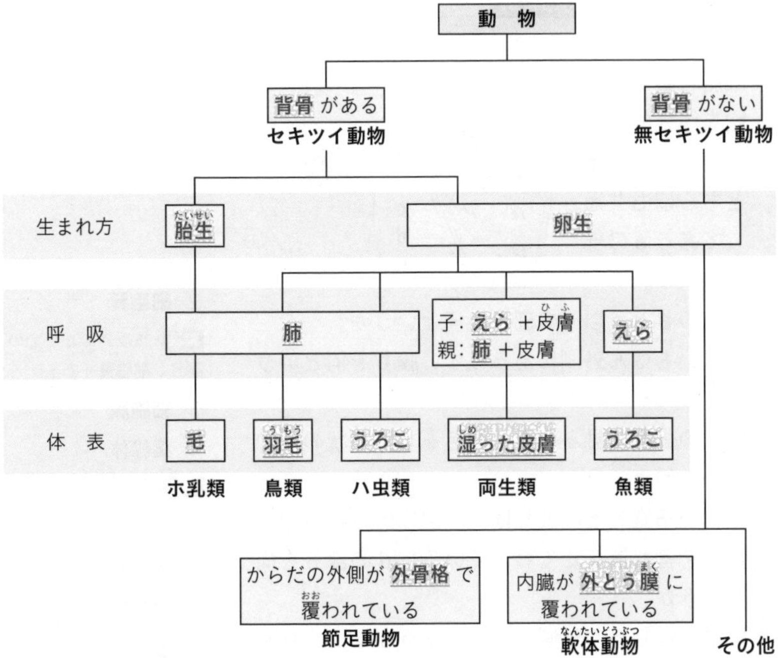

動物

- **背骨** がある　**セキツイ動物**
- **背骨** がない　**無セキツイ動物**

生まれ方	**胎生**	**卵生**			
呼　吸	**肺**			子：**えら** ＋皮膚 親：**肺** ＋皮膚	**えら**
体　表	**毛**	**羽毛**	**うろこ**	**湿った皮膚**	**うろこ**
	ホ乳類	**鳥類**	**ハ虫類**	**両生類**	**魚類**

無セキツイ動物

- からだの外側が **外骨格** で覆われている　**節足動物**
- 内臓が **外とう膜** に覆われている　**軟体動物**
- **その他**

4 背骨がない動物

□(1) 節足動物には、バッタやカブトムシなどの **昆虫** 類、エビやカニなどの **甲殻** 類のほか、クモ類、ムカデ類、ヤスデ類などがある。

□(2) **図1** はエビのからだを表しており、**a** の **頭胸部** と **b** の **腹部** の２つに分かれている。

□(3) **図2** はハマグリのからだを表している。**c** は **あし**、**d** は **外とう膜**、**e** は **えら** である。

□(4) 背骨がない動物のうち、**d** のつくりで内臓が覆われている動物を **軟体** 動物という。

図1

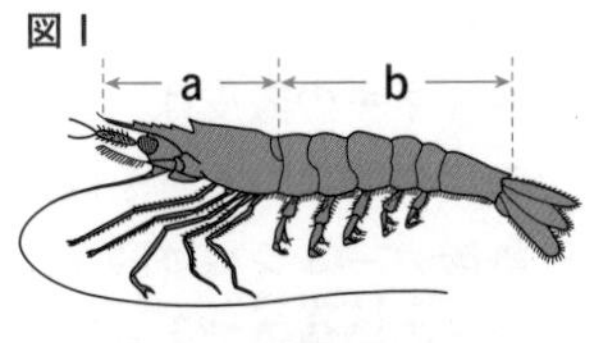

図2

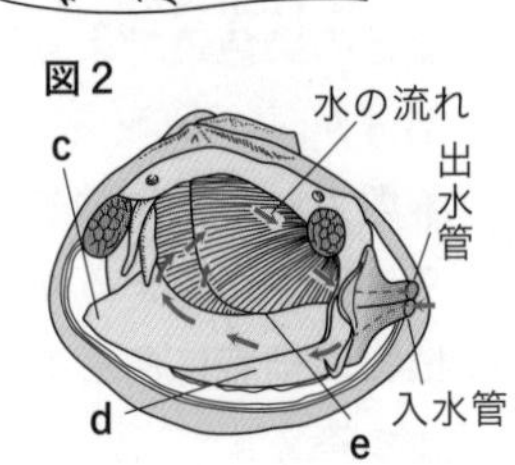

月　　日

細胞のつくり

中２　重要度

植物と動物の細胞のつくり

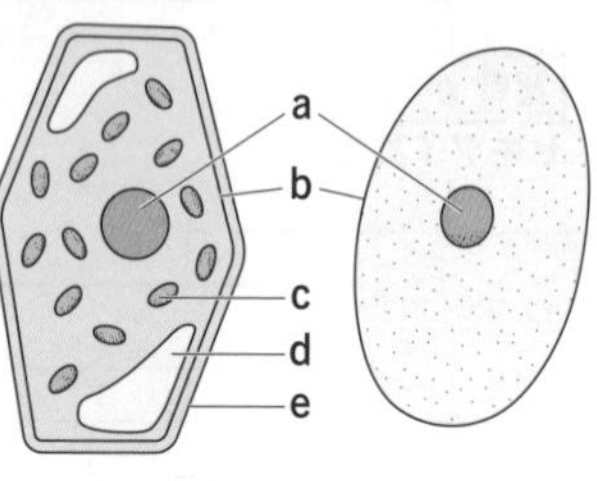

☐ 1 右図は、植物の細胞（さいぼう）と動物の細胞を模式的に表したものである。どちらにも共通してある a の部分は何か。

☐ 2 細胞の a と e 以外の部分を何というか。

☐ 3 2 のいちばん外側にあるうすい膜（まく） b を何というか。

☐ 4 植物の細胞に見られる、緑色をした粒状（つぶじょう）の c の部分を何というか。

☐ 5 植物の細胞の d の部分は、内部に貯蔵物質や不要物を含（ふく）む液をたくわえている。d の部分を何というか。

☐ 6 植物の細胞膜の外側にあるじょうぶなつくり e を何というか。

☐ 7 6 は細胞の形を維持（いじ）するほか、どのようなことに役立っているか。

☐ 8 タマネギの表皮は、1 の図のような植物の細胞の代表的なつくりを観察するのに適しているか。

☐ 9 酢酸（さくさん）カーミンや酢酸オルセイン、酢酸ダーリアなどの染色液（せんしょくえき）でよく染まるのは、a ～ e のどの部分か。

☐ 10 酢酸カーミンや酢酸オルセインで染色すると、9 は何色に染まるか。

☐ 11 植物の細胞にあって、動物の細胞にない部分を３つ答えよ。

1 核（かく）

2 細胞質

解説 核以外の b までの部分が細胞質である。

3 細胞膜

4 葉緑体

解説 葉緑体があるため、植物が緑色に見える。

5 液胞（えきほう）

6 細胞壁（さいぼうへき）

7 植物のからだを支えること

8 適していない

解説 タマネギの食用部分には葉緑体がない。

9 a

解説 染色液は、染色して核を見やすくする。

10 赤色（赤紫色）

解説 酢酸ダーリアで染色すると、核は青紫色に染まる。

11 葉緑体、液胞、細胞壁

生物のからだのつくり

□12 生物のからだを構成している基本単位となるものは何か。

★□13 12の1つひとつは、酸素と栄養分をとり入れて、二酸化炭素を放出している。これを何というか。

□14 13を行うことにより、細胞は生きるために、酸素と栄養分から何をとり出しているか。

★□15 右図のゾウリムシのように、からだが1つの細胞だけでできている生物を何というか。

★□16 からだが多くの細胞からできている生物を何というか。

□17 16のからだの中で、形やはたらきが同じ細胞が集まってできたものを何というか。

□18 いくつかの17が集まって、動物の胃や腸のように、それぞれが特定のはたらきを受けもっている部分を何というか。

□19 いろいろな18が結びつき、生きていくためのからだになったものを何というか。

12 **細胞**

13 **細胞の呼吸（細胞呼吸）**

14 **エネルギー**

解説 エネルギーをとり出して、二酸化炭素を放出する。

15 **単細胞生物**

16 **多細胞生物**

解説 ヒトやアブラナなど、多くの生物が多細胞生物である。

17 **組織**

18 **器官**

19 **個体**

思考力アップ！

Q 右表は、植物と動物の細胞の特徴である。これらを、ベン図を用いて整理するとき、**ア**～**オ**を、右下の**ベン図**に記入しなさい。なお、ベン図とは、円が重なる部分に共通点を、重ならない部分に相違点を記入するものである。 ［鳥取］

	細胞の特徴
ア	細胞質のいちばん外側に、うすい膜がある。
イ	細胞の中に、緑色の粒状のつくりがある。
ウ	細胞のいちばん外側に、厚くしっかりした仕切りがある。
エ	細胞の中に、酢酸オルセインでよく染まる丸い粒が1個ある。
オ	成長した細胞には大きな袋状のつくりがある。

A ベン図

共通した特徴

植物細胞のみにあてはまる特徴

動物細胞のみにあてはまる特徴

解説 核（**エ**）、細胞膜（**ア**）は共通する特徴だが、葉緑体（**イ**）、液胞（**オ**）、細胞壁（**ウ**）は植物の細胞のみの特徴である。

2 植物のからだのはたらき ①

中2　重要度

葉のつくり

★□1 葉の表面に見られる、葉のつけねからのびるすじのようなつくりを何というか。

□2 葉をうすく切って顕微鏡で観察するとき、表皮や断面に見られる、小さな部屋のようなものを何というか。

□3 葉の2の中には緑色の小さな粒がたくさん見られる。この粒を何というか。

★□4 葉の表皮には、右図のbの細胞に囲まれたaのような穴がある。このaの穴を何というか。

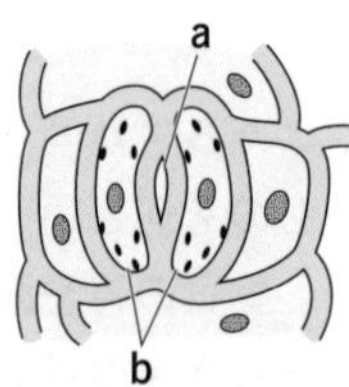

□5 bの細胞を何というか。

★□6 aの穴は、多くの植物では、葉の表側と裏側のどちらに多く分布しているか。

!□7 bの細胞には葉緑体があるか。

★□8 植物のからだから水が水蒸気となって出ていくことを何というか。

□9 8によって出ていく水蒸気の量は、何の開閉によって調節されているか。

□10 8が盛んに行われるのは、昼と夜のどちらか。

□11 水蒸気以外で、気孔から出入りする気体を2つ答えよ。

★□12 単子葉類で見られる葉脈を何というか。

★□13 双子葉類で見られる葉脈を何というか。

□14 右図のアサガオの葉に見られる、黄白色になっている部分を何というか。

1 葉脈

2 細胞

3 葉緑体

4 気孔

5 孔辺細胞

6 裏側

7 ある

8 蒸散

9 気孔

10 昼

解説 昼は気孔が開いて蒸散が盛んに行われる。

11 酸素、二酸化炭素

12 平行脈

13 網状脈

14 ふ

解説 ふの部分には葉緑体はない。

葉のはたらき

☆ 15 植物が光を利用してデンプンなどの栄養分をつくり出すことを何というか。

15 **光合成**

☆ 16 デンプンの存在を確かめるとき、ヨウ素液を加える。デンプンがあれば何色に変わるか。

16 **青紫色**

17 16のような反応を、何反応というか。

17 **ヨウ素反応（ヨウ素デンプン反応）**

18 一晩暗室に置いてから右図のようにした葉に光を十分に当て、熱湯に入れたあと、あたためたエタノールにつけた。さらに水で洗ったあと、ヨウ素液につけたとき、17の反応が起きるのは、a～cのどの部分か。

18 **a**

解説 一晩暗室に置いたのは葉のデンプンをなくしておくため。熱湯に入れるのはやわらかくするためで、エタノールにつけるのは脱色してヨウ素反応を見やすくするため。

☆ 19 18でヨウ素液につけたあと、aとbの部分を比べると、光合成には何が必要なことがわかるか。

19 **葉緑体**

解説 葉緑体は、aにはあるが、bにはない。

☆ 20 18でヨウ素液につけたあと、aとcの部分を比べると、光合成には何が必要なことがわかるか。

20 **光**

21 光合成を行うときに使われる気体は何か。

21 **二酸化炭素**

22 光合成を行うときに発生する気体は何か。

22 **酸素**

記述力アップ！

Q 植物が行う光合成について調べる実験を行った。まず、青色のBTB溶液を用意し、ストローで息を吹きこんで緑色にした。このBTB溶液を、右図のように、オオカナダモを入れた試験管Xと空の試験管Yにそそいでゴム栓でふたをした。試験管XとYに十分に光を当ててしばらくおいたあと、BTB溶液の色の変化を調べると表のようになった。このとき、試験管XのBTB溶液が青色になり、アルカリ性を示したのはなぜか、その理由を簡単に答えなさい。［岩手一改］

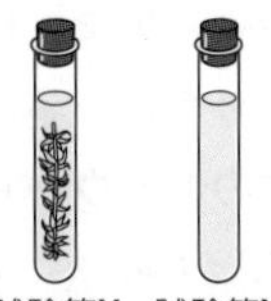

試験管X　試験管Y

試験管	BTB溶液の色
X	青色
Y	緑色

A **光合成が行われ、とけていた二酸化炭素が使われたから。**

解説 光を当てたとき、植物が呼吸で出す二酸化炭素よりも、光合成で使う二酸化炭素のほうが多いので、BTB溶液中の二酸化炭素が減り、青色にもどる。

3 植物のからだのはたらき ②

中2　重要度

茎のつくりとはたらき

□ 1 植物の茎(くき)の断面にはおもに右図のような2つの形がある。ホウセンカの茎の断面のつくりは、**ア**、**イ**のどちらか。

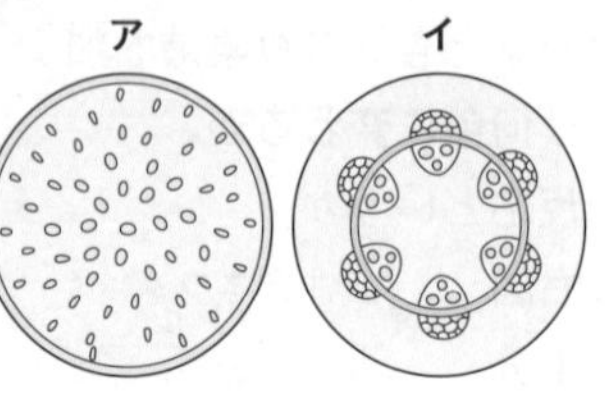

□ 2 トウモロコシの茎の断面のつくりは、上図の**ア**、**イ**のどちらか。

□ 3 右図は、ホウセンカの茎の断面を表したものである。**a**の管を何というか。

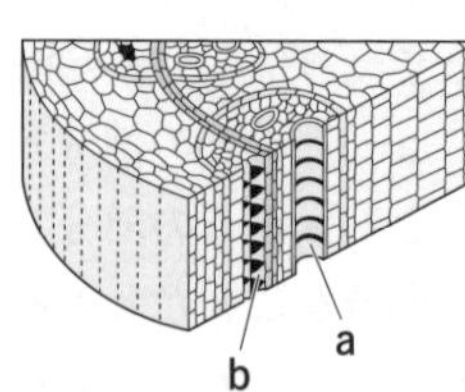

□ 4 **b**の管を何というか。

□ 5 根から吸収された水や水にとけた養分などの通り道は、上図の**a**、**b**のどちらか。

□ 6 葉でつくられた栄養分の通り道は、上図の**a**、**b**のどちらか。

□ 7 葉でつくられた栄養分は、成長のために使われたり、果実・種子・茎・根などにたくわえられたりする。茎に栄養分がたくわえられる植物を、次の**ア**～**ウ**から選べ。

ア　イネ　**イ**　ジャガイモ　**ウ**　ダイコン

□ 8 道管と師管は何本もまとまって束のようになっている。この部分を何というか。

□ 9 茎の8は葉につながっている。葉の8は葉の何の中にあるか。

□ 10 道管が集まった部分(木部)と、師管が集まった部分(師部)の間にある層を何というか。

---

1 **イ**

2 **ア**

解説 茎の維管束(いかんそく)は、輪状に並んでいるものと、全体に散らばっているものがある。

3 **道管**

4 **師管**

5 **a**

6 **b**

解説 葉でつくられたデンプンなどが、水にとけやすい物質に変えられて運ばれる。

7 **イ**

解説 イネは種子、ダイコンは根に栄養分がたくわえられる。

8 **維管束**

9 **葉脈**

10 **形成層**

根のつくりとはたらき

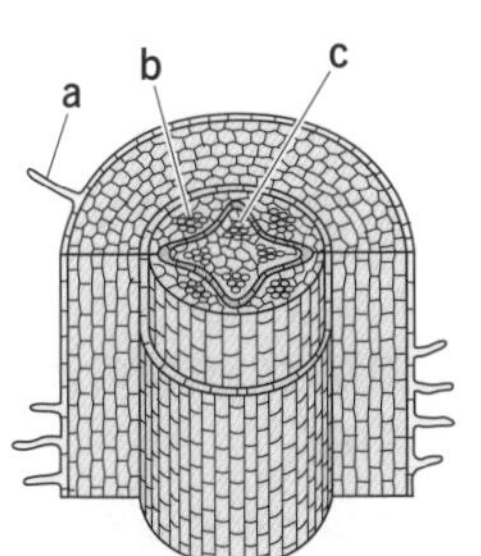

□11 右図は、双子葉類の根の内部のつくりである。図の **a** は何か。

11 **根毛**

□12 図の **a** が無数にあることによって、土の中の水や養分の吸収を効率よく行える。これは、根の何が大きくなるためか。

12 **表面積**

□13 図の **b** は何か。

13 **師管**

□14 図の **c** は何か。

14 **道管**

□15 根毛は、土の中の水や水にとけた養分を効率よく吸収するほかに、どんなはたらきをしているか。

15 **からだを固定するはたらき**

□16 根から吸収された水や水にとけた養分は、何という管を通ってからだ全体の細胞に運ばれるか。

16 **道管**

記述力アップ！

Q 赤インクをうすめた液を三角フラスコに入れ、約 30 cm の長さに切ったトウモロコシの苗を、**図 1** のように茎の切り口が三角フラスコの中の液にひたるように入れた。3 時間後に茎をカミソリの刃でうすく切り、横断面をルーペで観察すると、**図 2** のように着色された部分がばらばらに分布していた。着色された部分を顕微鏡で観察すると、**図 3** のように **X** の部分のまわりが赤く染まっていた。**図 3** の **X** の部分の名称を答えなさい。また、そのはたらきを説明しなさい。 ［高知］

図 1

図 2

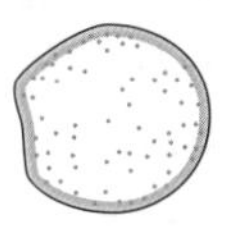

図 3

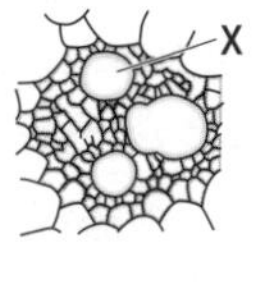

A 名称 **道管**　はたらき **根から吸収した水や水にとけた養分を通すはたらき。**

解説 水にとけた赤インクは道管を通って運ばれる。**図 2** のように、赤く染まった道管がばらばらに分布していることから、トウモロコシが単子葉類であることがわかる。

4 消化と吸収

中2　重要度

消化のしくみ

★□ 1 食物が通る、口から肛門(こうもん)までのひとつながりの通り道を何というか。

1 消化管

□ 2 口、食道、胃、小腸、大腸など、食物の消化と吸収を行う器官を何というか。

2 消化器官

★□ 3 生物のからだの中にあるタンパク質からできた物質で、食物を分解する際に、それ自身は変化せず、ほかの物質を変化させる物質を何というか。

3 消化酵素(しょうかこうそ)

□ 4 右図は、ヒトの消化に関する器官を表している。デンプンの分解に関わる消化酵素は、a～gのどの器官から出されるか、すべて答えよ。

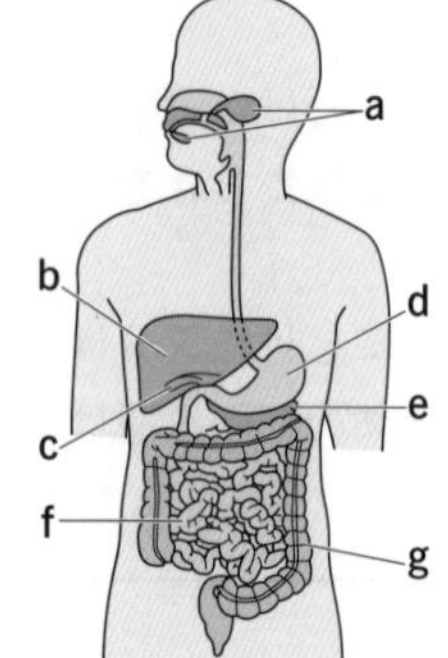

4 a、e、f

解説 aはだ液せん、eはすい臓、fは小腸。消化酵素は、消化器官から出る消化液に含(ふく)まれている。aの消化液はだ液、eの消化液はすい液という。

□ 5 だ液中に含まれ、デンプンを分解する消化酵素は何か。

5 アミラーゼ

★□ 6 デンプンは、4の消化酵素で分解されて、最終的には何になるか。

6 ブドウ糖

□ 7 タンパク質の分解に関わる消化酵素は、a～gのどの器官から出されるか、すべて答えよ。

7 d、e、f

解説 dは胃で、消化液は胃液という。

□ 8 胃液中に含まれ、タンパク質を分解する消化酵素は何か。

8 ペプシン

★□ 9 タンパク質は、7の消化酵素で分解されて、最終的には何になるか。

9 アミノ酸

□ 10 脂肪(しぼう)は、胆汁(たんじゅう)のはたらきと、a～gのどの器官から出される消化酵素により分解されるか。

10 e

★□ 11 脂肪は、10の消化酵素で分解されて、何と何になるか。

11 脂肪酸とモノグリセリド

栄養分の吸収

□12 消化によってできた栄養分が、消化管の中から体内にとり入れられることを何というか。

★□13 右図は、小腸の壁(かべ)にあるひだの表面を覆(おお)う小さな突起(とっき)を模式的に表したものである。これは何を表しているか。

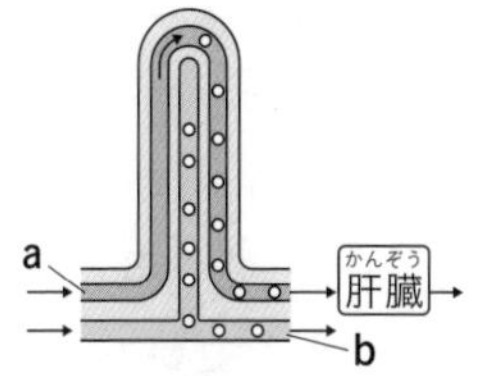

★□14 図のa、bの部分はそれぞれ何を表しているか。

★□15 消化によってできたブドウ糖は、図のa、bのどちらに入るか。

□16 消化によってできた脂肪酸(しぼうさん)とモノグリセリドは、柔毛で吸収されたあと、何になるか。

★□17 脂肪酸とモノグリセリドは、16になったあと、図のa、bのどちらに入るか。

12 **吸収**

13 **柔毛**(じゅうもう)

解説 小腸の表面積を大きくし、効率よく栄養分を吸収するのに役立っている。

14 a **毛細血管**

b **リンパ管**

15 **a**

16 **脂肪**

17 **b**

解説 リンパ管に入り、やがて首の下で太い血管に入る。

生物 地学 化学 物理

思考力アップ！

Q 4本の試験管A～Dを用意し、デンプン溶液(ようえき)を8 mLずつ入れた。さらに、AとCにはだ液をうすめたものを、BとDには水を2 mLずつ加え、すべての試験管を約40℃の湯にひたして10分間おいた。その後、AとBにはヨウ素液を加えた。CとDにはベネジクト液を加え、沸騰石(ふっとうせき)を入れ加熱した。表は、このときの反応をまとめたものである。次の文の①～④にあてはまる試験管の記号A～Dを、⑤に適切な文を入れなさい。［群馬－改］

試験管	A	B	C	D
ヨウ素液の反応	変化なし	青紫色になった	―	―
ベネジクト液の反応	―	―	赤褐色(せきかっしょく)の沈殿(ちんでん)が生じた	変化なし

試験管［①］と［②］を比較(ひかく)すると、だ液のはたらきによってデンプンがなくなったことがわかる。また、試験管［③］と［④］を比較すると、だ液のはたらきによって糖が生じたことがわかる。このことから、［⑤］と考えられる。

A ① **A**　② **B**　（①と②は順不同）　③ **C**　④ **D**　（③と④は順不同）

⑤ **だ液にはデンプンを糖に変えるはたらきがある**

解説 ヨウ素液はデンプンの有無(うむ)、ベネジクト液は糖の有無を調べる試薬である。

月　日

5 呼吸とそのしくみ

中2　重要度 

肺による呼吸

□ 1 肺と外界との間で行われるガス交換(こうかん)で、肺で体内の二酸化炭素を放出し、細胞(さいぼう)に必要な酸素をとり入れるはたらきを何というか。

□ 2 右図は、ヒトの肺のつくりを模式的に表したものである。鼻や口から吸いこまれた空気は、a を通って肺に入る。a は何か。

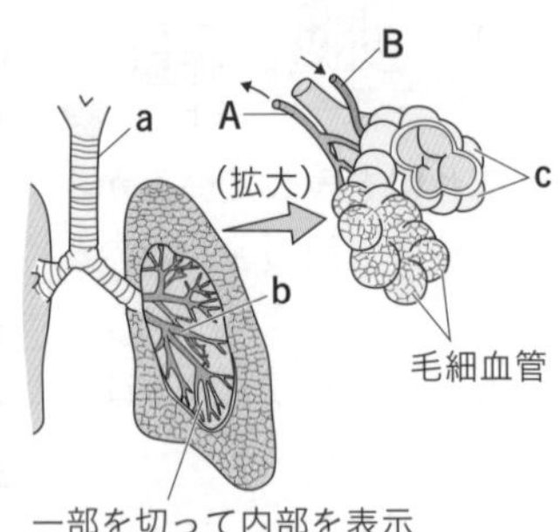

□ 3 2 は左右に枝分かれして b となる。b の部分は何か。

★□ 4 3 の先には、たくさんの小さい袋(ふくろ) c がついている。c は何か。

★□ 5 4 のつくりは、気体に接する肺の何を大きくし、効率よくガス交換を行うのに役立っているか。

★□ 6 図の c のまわりには毛細血管があり、c まで送られた空気の一部が毛細血管の中の血液にとりこまれる。とりこまれる気体は何か。

★□ 7 図の c では、毛細血管から血液によって運ばれてきた何が受けわたされるか。

□ 8 肺、気管、気管支、口・鼻など、呼吸に関わる器官をまとめて何というか。

□ 9 図の A、B は血管を表している。鮮(あざ)やかな赤色の血液が流れている血管はどちらか。

★□ 10 酸素を多く含(ふく)む血液を何というか。

★□ 11 二酸化炭素を多く含む血液を何というか。

---

1 肺による呼吸（肺呼吸）

2 気　管

3 気管支

4 肺胞(はいほう)

解説 うすい膜(まく)でできている。

5 表面積

6 酸　素

7 二酸化炭素

8 呼吸系

9 A

10 動脈血

11 静脈血(じょうみゃくけつ)

細胞の呼吸

□12 細胞の呼吸では、細胞の中で栄養分は酸素を使って分解され、細胞の外に何が出されるか。

★□13 細胞の呼吸では、細胞の中で栄養分は酸素を使って分解され、何がとり出されるか。

□14 細胞に運ばれ吸収される栄養分と酸素は、それぞれ何という器官で吸収されたものか。

12 **二酸化炭素**

13 **エネルギー**

解説 とり出されたエネルギーは、生きるための活動に使われる。

14 栄養分 **小腸**

酸素 **肺**

ヒトの肺の空気の出入りのしくみ

★□15 ヒトの肺による呼吸運動は、筋肉のついたろっ骨や、右図のaの動きによって行われる。aは何か。

□16 息を吸うとき、ろっ骨は筋肉によって引き上げられる。このとき、図のaはア、イのどちらの方向に動くか。

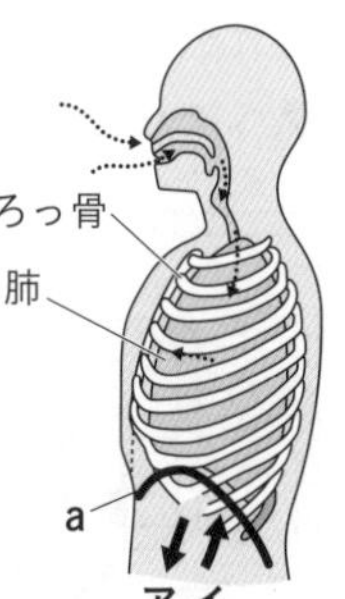

15 **横隔膜**

16 **ア**

解説 横隔膜は息を吸うときに下がり、息をはくときに上がる。

思考力アップ！

Q ヒトの肺による呼吸のしくみについて考えるため、図のような装置を用いて実験をした。この装置のゴム膜を手でつまんで引き下げると、ゴム風船は膨らんだ。このとき、次の文の□にあてはまる内容を、「肺」という語を用いて簡潔に答えなさい。 [香川一改]

図の装置のペットボトル内の空間を胸部の空間、ゴム膜を横隔膜、ゴム風船を肺と考えると、ヒトのからだでは、横隔膜が下がることで、胸部の空間が広がり、空気が□と考えられる。

A **肺に吸いこまれる**

解説 横隔膜を上下させ、胸部の空間を狭めたり広げたりすることで、空気を肺から排出したり肺にとり入れたりしている。

6 血液とその循環

中2　重要度

血液の循環

□ 1 ヒトの心臓は左右にそれぞれ心房(しんぼう)と心室がある。血液を送り出すのは心房、心室のどちらか。

□ 2 心房と心室が収縮・拡張を交互(こうご)にくり返す、周期的な動きを何というか。

□ 3 心臓から送り出される血液が流れる血管を何というか。

□ 4 心臓から動脈を通って流れ出た血液は、何という血管を通ってから静脈(じょうみゃく)へ流れこむか。

□ 5 血液の循環(じゅんかん)を表した右図で、血管 a、b と肺を血液が流れる経路を何というか。

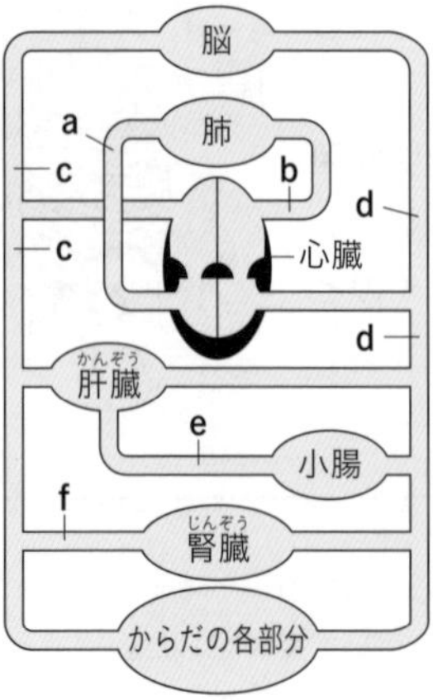

★□ 6 血管 a を何というか。

□ 7 右図で、血管 c、d と肺以外の全身を血液が流れる経路を何というか。

□ 8 血管 c を何というか。

★□ 9 酸素を多く含(ふく)む血液が流れる血管を、図の a ～ f からすべて選べ。

□ 10 二酸化炭素を多く含み、酸素の少ない血液で、暗赤色をしている血液を何というか。

★□ 11 動脈血が流れている静脈を、図の a ～ f から選べ。

★□ 12 食後に栄養分を最も多く含む血液が流れている血管を、図の a ～ f から選べ。

★□ 13 静脈や、心臓の心房と心室の間にある弁には、血液の何を防ぐはたらきがあるか。

---

1 **心室**

解説 心房には血液が流れこむ。

2 **拍(はく)動(どう)**

解説 拍動によって心臓から全身へ血液が送り出される。

3 **動脈**

4 **毛細血管**

5 **肺循環**

6 **肺動脈**

解説 血管 a を肺動脈、血管 b を肺静脈という。

7 **体循環**

8 **大静脈**

解説 血管 c を大静脈、血管 d を大動脈という。

9 **b、d**

解説 肺を通ったあとの血液は酸素を多く含む動脈血である。

10 **静脈血**

11 **b**

解説 肺静脈には動脈血が流れている。

12 **e**

13 **逆流**

血液の成分

□14 ヒトの血液の成分を模式的に表した右図で、a はからだの中に入ってきた細菌などをとらえ、病気を防ぐはたらきをする。a は何か。

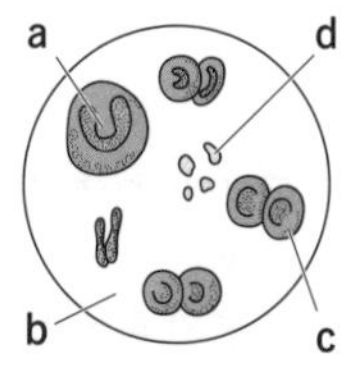

★□15 図の b は透明な液体で、毛細血管の壁からしみ出して組織液となり、細胞のまわりを満たす。b は何か。

★□16 図の c は、酸素の運搬を行う。c は何か。

□17 16に含まれる赤色の物質は何か。

□18 図の d は、出血したときに血液を固めるはたらきがある。d は何か。

14 **白血球**

15 **血しょう**

解説 栄養分や不要な物質などを運んでいる。

16 **赤血球**

17 **ヘモグロビン**

18 **血小板**

不要な物質の排出

□19 細胞の活動によってできた有害なアンモニアを無害な尿素に変えるのは、何という器官か。

★□20 血液中から尿素など不要な物質をとり除くはたらきをするのは、何という器官か。

19 **肝臓**

20 **腎臓**

解説 とり除かれた物質は尿としてぼうこうに一時的にためられる。

思考力アップ!

Q 表は、ある人の安静時の 15 秒間の心拍数を 3 回測定した結果である。この人の体内の全血液量を 4200 cm³、1 回の心臓の拍動によって送り出される血液の量を 70 cm³ とする。安静時において、この人の心臓が全血液量を送り出すのにかかる時間は何秒か、表の心拍数の 3 回の平均値から求めなさい。 [熊本一改]

	1 回目	2 回目	3 回目
心拍数〔回〕	21	19	20

A **45 秒**

解説 心臓が体内の全血液量を送り出すには、拍動を、4200÷70＝60〔回〕する必要がある。
安静時の 15 秒間の心拍数の平均は、(21＋19＋20)÷3＝20〔回〕なので、
心臓が全血液量を送り出すのにかかる時間は、$15\times\frac{60}{20}=45$〔秒〕である。

月　日

7 行動するためのしくみ

中2　重要度

刺激と感覚器官

1 においや光、音などの生活する環境(かんきょう)からの刺激(しげき)を受けとる器官を何というか。	1 感覚器官
2 光や音などの刺激が伝わって「見た」、「聞こえた」という感覚が生じる器官は何か。	2 脳
3 感覚器官には刺激を受けとる細胞(さいぼう)がある。この細胞は、脳からのびてきた何とつながっているか。	3 神経
4 感覚器官が刺激を感じると、刺激は何に変えられ、脳に伝えられるか。	4 信号
5 ヒトの五感には、視覚、聴覚(ちょうかく)、嗅覚(きゅうかく)、味覚のほかに何があるか。	5 触覚(しょっかく)
6 ヒトの目のつくりを表している右図で、入ってくる光の量を調整しているのは、**ア**～**カ**のどの部分か。	6 イ　解説 **イ**は虹彩(こうさい)で、**ウ**のレンズ(水晶体(すいしょうたい))に入ってくる光の量を調整する。
7 図で、光の刺激を受けとる細胞があるのは、**ア**～**カ**のどの部分か。	7 エ　解説 **エ**は網膜(もうまく)である。
8 耳で、音の刺激を受けとる細胞がある部分を何というか。	8 うずまき管
9 痛み、圧力、温度などの刺激を受けとる器官は何か。	9 皮膚(ひふ)

神経系のつくりとはたらき

10 からだの中で判断や命令など重要な役割を行う脳やせきずいを、何神経というか。	10 中枢神経(ちゅうすうしんけい)
11 10から枝分かれして、からだのすみずみまで行きわたっている神経を何というか。	11 末しょう神経

□12 右図は、刺激に対する信号や命令の伝わり方を模式的に表したものである。11のうち、aのような神経を何というか。

脳
せきずい
a
b

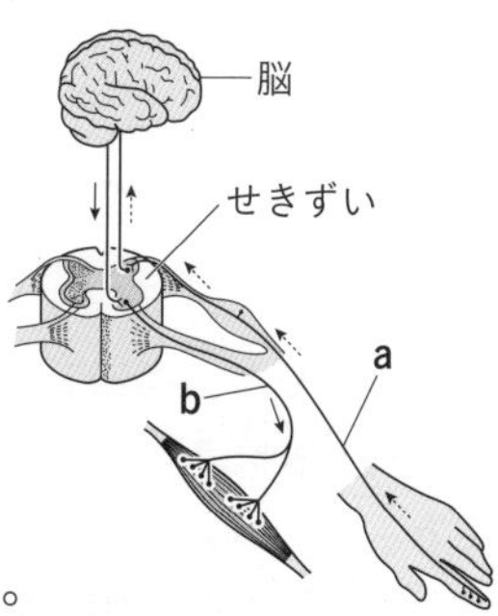

□13 11のうち、図のbのような神経を何というか。

□14 中枢神経や末しょう神経をまとめて何というか。

★□15 熱いやかんにうっかりさわって、思わず手を引っこめた。このような反応を何というか。

□16 15の反応が伝わる経路を、上図の語句や記号で表せ。

からだが動くしくみ

□17 骨と骨のつなぎ目で、曲げることのできる部分を何というか。

□18 骨格につく筋肉の両端にあるじょうぶな繊維の束で、17の部分をはさんで2つの骨についているものを何というか。

□19 ひじの部分で腕をのばすとき、腕についている内側の筋肉と外側の筋肉のどちらが縮むか。

12 **感覚神経**

解説 皮膚(感覚器官)からの信号を中枢神経に伝える。

13 **運動神経**

解説 中枢神経からの信号を筋肉(運動器官)に伝える。

14 **神経系**

15 **反　射**

16 **a→せきずい→b**

17 **関　節**

18 **け　ん**

19 **外側の筋肉**

解説 内側の筋肉が縮むのは、腕を曲げるとき。

生物　地学　化学　物理

記述力アップ！

Q うっかり熱いものに触れてしまったときに、思わず手を引っこめるという反応は、無意識に(意識とは関係なく)起こる反応である。この無意識に起こる反応は、意識して起こす反応に比べて、刺激を受けてから反応するまでの時間が短い。その理由を、「せきずい」という言葉を用いて答えなさい。 [千葉]

A **せきずいから運動神経に直接、信号が出されるため。**

解説 無意識の行動である反射は、せきずいから運動神経に直接、信号が出されるため、意識的な反応よりも、刺激を受けてから反応するまでの時間が短い。これは、「熱い」という感覚が脳まで伝わる時間よりも短いので、「熱い」という感覚は、手を引っこめたあとに遅れて意識される。

図表でチェック ❷

中2

問題 図や表を見て、＿＿にあてはまる語句や数値を答えなさい。

1 細胞のつくり

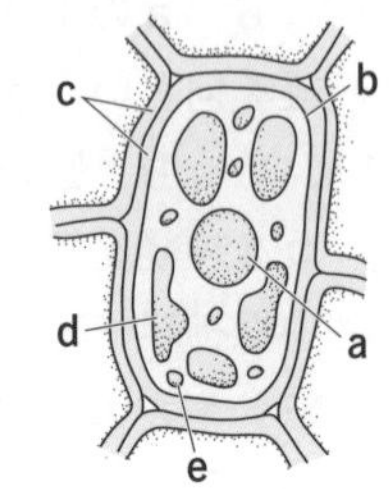

□(1) 植物の細胞と動物の細胞のつくりで、共通しているのは、右図で、aの 核、bの 細胞膜 である。

□(2) 植物の細胞には、さらにc、d、eがある。bの外側にあるcは、じょうぶなつくりで、細胞壁 という。また、dは 液胞、eは葉や茎の緑色の部分にある 葉緑体 である。

□(3) aのまわりのbまでの部分を 細胞質 という。

2 葉のつくり

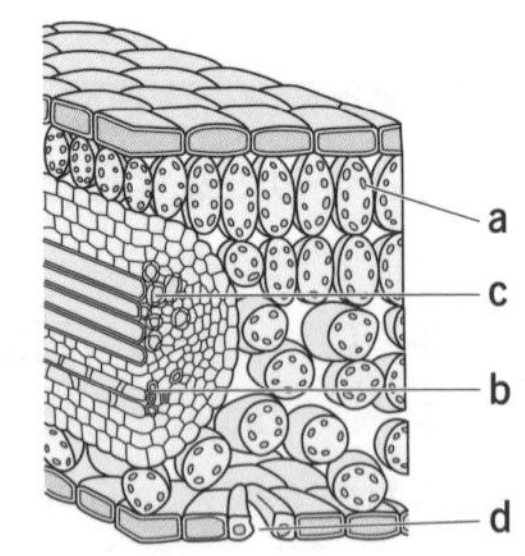

□(1) 右の葉の断面を表した図で、aは細胞の中にある緑の粒で、葉緑体 という。

□(2) bは葉でつくられた栄養分の通り道であり、師管 といい、cは根から吸収された水などの通り道であり、道管 という。また、このbとcの集まりを 維管束 という。

3 葉のはたらき

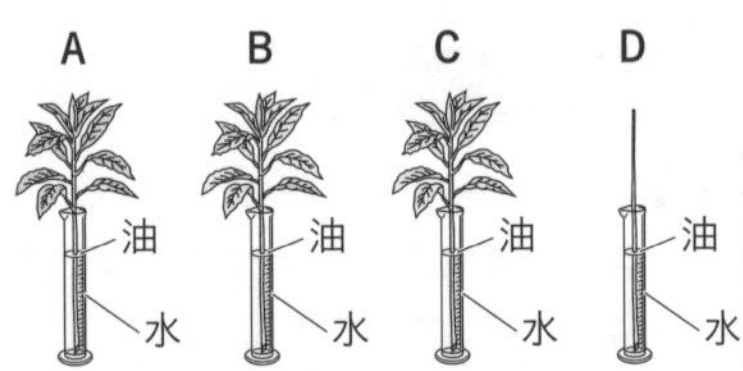

A	B	C	D
葉の表側にワセリンをぬった。	葉の裏側にワセリンをぬった。	葉に何も手を加えなかった。	すべての葉を切りとった。

□(1) 根から吸い上げられた水は、葉にある 気孔（2の図のd）から出ていく。このはたらきを 蒸散 という。これについて調べるため、右図のような実験を行った。

□(2) 水面に油を浮かべたのは、水面からの 水の蒸発 を防ぐためである。

□(3) 表のXは、72.1 g である。

□(4) 実験から、蒸散 は葉の 裏側 で盛んに行われていることがわかる。

植　物	A	B	C	D
はじめの全体の質量〔g〕	76.8	77.2	76.6	76.1
しばらくあとの全体の質量〔g〕	73.0	76.2	X	75.8

4 光合成のしくみ

□(1) 光合成は、A **光** のエネルギーを使って、葉の細胞の中の **葉緑体** で行われる。

□(2) 光合成は根から吸い上げた水と空気中からとり入れたB **二酸化炭素** からデンプンなどをつくり出し、C **酸素** が発生する。

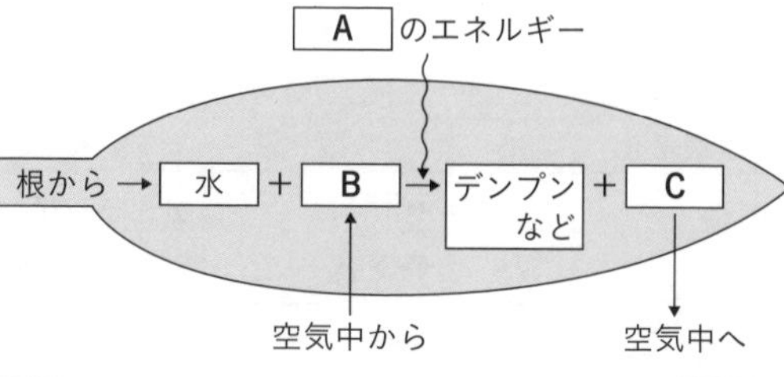

5 茎・根のつくりとはたらき

□(1) 右図は、茎と根の断面で、どちらも **双子葉** 類のものである。

□(2) この植物の根を赤インクをうすめた液につけたところ、a～dのうち、茎では **a** が、根では **d** が赤く染まった。

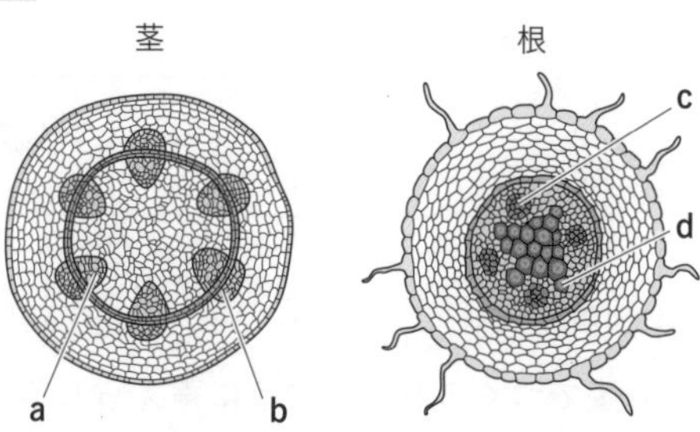

□(3) 赤く染まった部分は **道管** で、水や **(無機)養分** などの通り道である。

6 消化と吸収

□(1) 試験管A、Bからそれぞれ半分だけ溶液をとり出し、ヨウ素液を少量加えると、Aの色は **青紫色** に変わり、Bの色は変わらなかった。

□(2) (1)により、デンプンは **だ液** により別の物質に変わったことがわかる。

□(3) 試験管A、Bの残りの溶液にベネジクト液を少量加えて加熱すると、Aの色は変わらず、Bは **赤褐色** に変わった。

デンプンのり ＋ 水
デンプンのり ＋ だ液
A
B
35～40℃の湯
5～10分あたためる

□(4) (3)により、**デンプン** はだ液により糖になったことがわかる。

7 消化酵素とそのはたらき

□(1) 図表の空欄にあてはまる語句を答えよ。

消化器官	口	胃	小腸		（最終分解物）	吸収
消化液	だ液	胃液	すい液	壁の消化酵素		
デンプン	**アミラーゼ**		**アミラーゼ**	マルターゼ	**ブドウ糖**	小腸柔毛の b
タンパク質		**ペプシン**	トリプシン	ペプチダーゼ	**アミノ酸**	
脂肪		胆のうに蓄えられていた a	**リパーゼ**		脂肪酸 **モノグリセリド**	小腸柔毛の c

□(2) 肝臓でつくられ、胆のうに蓄えられる a **胆汁** は消化酵素を含まないが、脂肪の消化を助けるはたらきがある。

□(3) ブドウ糖とアミノ酸は小腸の柔毛の b **毛細血管** に吸収され、脂肪酸とモノグリセリドは柔毛に吸収されたあと、再び脂肪となって c **リンパ管** に吸収される。

8 呼吸のしくみ

□(1) 呼吸のしくみを表した右図で、a の気体は **酸素** 、b の気体は **二酸化炭素** である。

□(2) a の気体を運ぶ血液成分は **赤血球** である。

□(3) c は細胞の呼吸で使われる **栄養分** である。

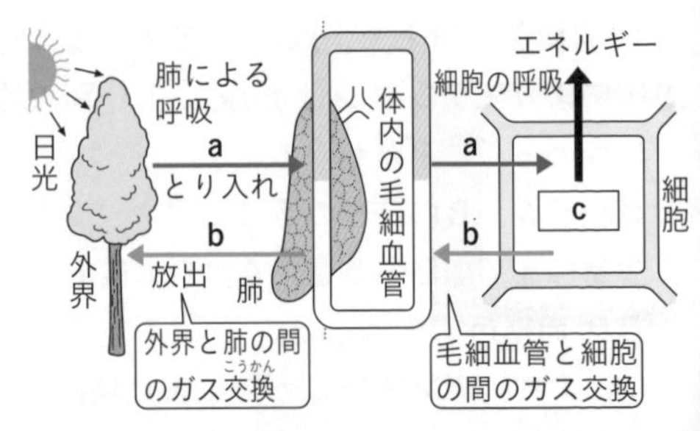

9 血液の循環

□(1) 右の血液の循環の模式図で、a〜gを流れる血液のうち、酸素が最も少ない血液は **a**、尿素が最も少ない血液は **f**、食後に栄養分が最も多い血液は **e** である。

□(2) 図のbの血管を **肺静脈**、dの血管を **大動脈** という。

□(3) 血液から細胞に、酸素や栄養分を届けるはたらきをする液体を **組織液** といい、これは、血液の成分の **血しょう** が毛細血管の壁からしみ出したものである。

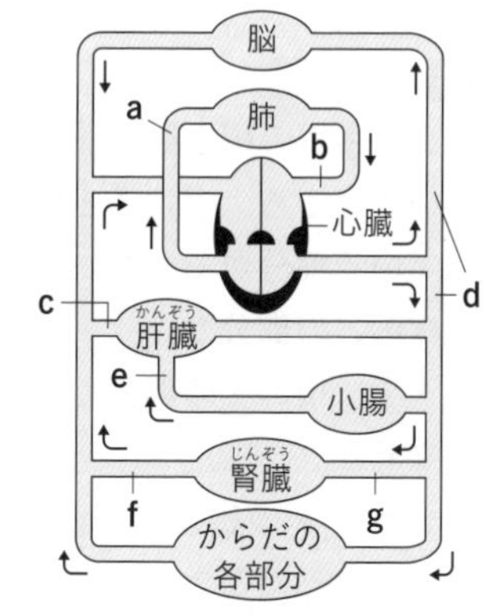

10 排出のしくみ

□(1) aは **腎臓** であり、運ばれてきた血液中の **尿素** などの不要な物質を、余分な水分や無機物とともにろ過して、尿をつくる器官である。

□(2) aでつくられた尿はbの **輸尿管** を通り、cの **ぼうこう** に一時的に蓄えられたあと、体外に出される。

□(3) このように、体内にできた不要な物質や、余分な水分や無機物を体外に出すはたらきを **排出** という。

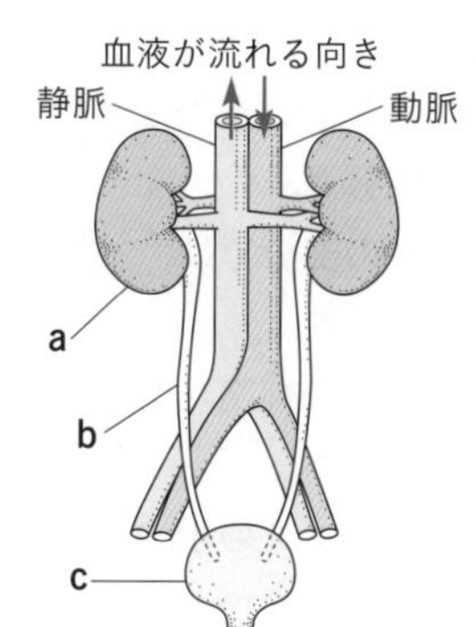

11 ヒトの耳のつくり

□(1) 空気の振動を耳の中にあるaの **鼓膜** が受けとり、bの **耳小骨** を通してcの **うずまき管** に伝わる。cで振動を信号に変え、dの **聴神経** を通して脳に送ることで、脳で「聞こえる」という感覚が生じる。

□(2) 耳のように、外界の **刺激** を受けとる器官を **感覚器官** といい、**感覚細胞** が集まっている。

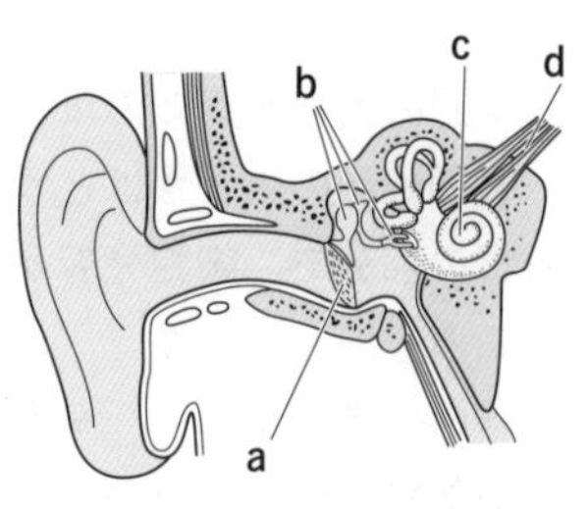

月　日

生物の成長と細胞分裂

中3　重要度

生物の成長

□ 1 タマネギの根を染色液で染色して水につけておいたところ、根はさらにのびて色がうすくなっている部分ができた。色がうすくなったのは、根のどの部分か。

1 根の先端に近い部分

□ 2 1で、根のその部分だけ色がうすくなったのはなぜか。

2 成長したから

★□ 3 ソラマメの根が2cmくらいになったとき、先端から等間隔に油性ペンで印をつけて根ののび方を調べたところ、右図のようになった。のびているのは、根のどの部分か。

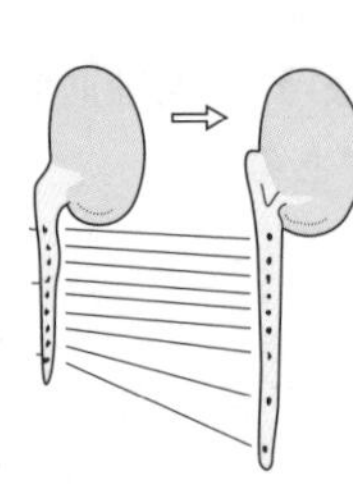

3 根の先端に近い部分

□ 4 3の部分では、細胞の数はどのように変化しているか。

4 増えている

★□ 5 1つの細胞が2つの細胞に分かれることを何というか。

5 細胞分裂

★□ 6 ソラマメの根の先端で見られるような、生物のからだをつくる細胞の5を特に何というか。

6 体細胞分裂

□ 7 細胞分裂によって細胞が2つに分かれると、一時的に細胞1つの大きさはどうなるか。

7 小さくなる

解説 2つに分かれるので、小さくなる。

★□ 8 1つの細胞が2つの細胞に分かれて、一時的に細胞の大きさが7のようになったあと、それぞれの細胞の大きさはどうなるか。

8 大きくなる

解説 大きくなることで、根がのびる。

□ 9 根の部分で、細胞分裂が盛んに行われているところを何というか。

9 成長点

!□ 10 根の先端にあって、9を包みこむように保護する組織を何というか。

10 根冠

細胞分裂

★□11 根に染色液（せんしょくえき）をつけて観察するとき、根の先端（せんたん）に近い部分の細胞（さいぼう）に見られる、染色されたひものようなつくりのものを何というか。

□12 1つの細胞にある染色体の本数は、生物の種類によって決まっているか、決まっていないか。

★□13 細胞分裂（さいぼうぶんれつ）する前に、1つの細胞にある染色体は複製されて、本数はどうなるか。

★□14 細胞分裂の前と後で、1つの細胞がもつ染色体の本数は、異なるか、それとも同じか。

□15 細胞分裂して2つに分かれた染色体は、分かれた2つの細胞の何をつくるか。

□16 2 cm ぐらいのびたソラマメの根の細胞を顕微鏡（けんびきょう）で観察した。右図は根のどの部分か。

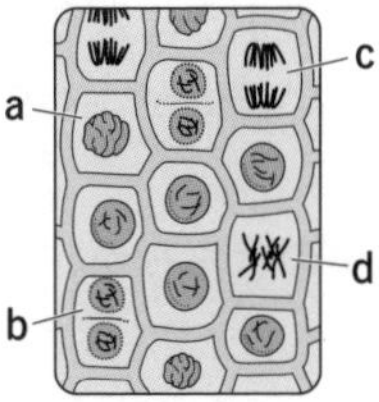

★□17 図のa～dの細胞は、細胞分裂のいろいろな段階である。細胞分裂の順を、a～dの記号で表せ。

11 染色体

12 決まっている

13 2倍になる

14 同じ

15 核（かく）

16 根の先端に近い部分

17 a→d→c→b

解説 bでは分かれた染色体が糸のかたまりのようなものになり、真ん中にしきりができ始める。

思考力アップ！

Q タマネギの根の先端を2 mm 切りとって塩酸処理をしたあと、染色液で染色し、プレパラートをつくって顕微鏡で観察した。右図は、細胞分裂をしている1個の細胞を拡大したもので、染色体が細胞の両端に分かれたようすが見られた。細胞分裂をしていないタマネギの細胞1個に含（ふく）まれる染色体が16本であるとき、図の点線(------)で囲まれた部分に含まれる染色体の数は何本か、答えなさい。 ［宮城－改］

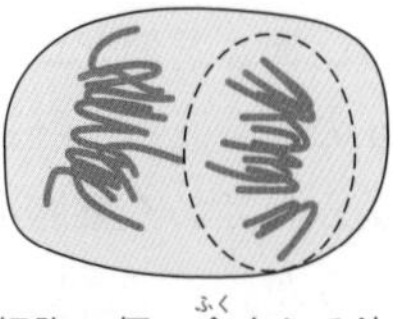

A 16本

解説 タマネギの根の細胞分裂は体細胞分裂である。細胞分裂をする前には、16本の染色体がそれぞれ複製されて、2倍の数の32本になる。染色体は、細胞の両端に均等に分かれるので、-----で囲まれた染色体の数はもとの数と同じ16本である。

生物のふえ方

中3　重要度

生物のふえ方の種類

□ 1 生物が自分と同じ種類の新しい個体をつくり、ふえることを何というか。

★□ 2 雄と雌を必要とせずに、新しい個体をつくるふえ方を何というか。

★□ 3 雄と雌を必要とする、新しい個体をつくるふえ方を何というか。

□ 4 無性生殖では、子が親の特徴をそのまま受け継ぐ。これは、親の染色体に含まれる何をそのまま受け継ぐためか。

★□ 5 ジャガイモやサツマイモのようにからだの一部から芽や根がのび、新しい個体がつくられるふえ方を何というか。

□ 6 5は有性生殖と無性生殖のどちらか。

植物の有性生殖

★□ 7 右の被子植物の花のつくりで、めしべの柱頭についた、花粉からのびた細長い管aを何というか。

★□ 8 aの中を通って胚珠まで送られていく細胞を何というか。

花粉
a
b
子房
胚珠

★□ 9 図で、胚珠の中のbの核は、8の核と合体する。bは何という細胞か。

□10 受精した9は分裂をくり返して何になるか。

□11 生殖のための特別な細胞を何というか。

□12 受精して親と同じようなからだに成長するまでの過程を何というか。

---

1 生殖

2 無性生殖

解説 細胞分裂などによってふえる。

3 有性生殖

4 遺伝子

5 栄養生殖

解説 ジャガイモは茎の一部、サツマイモは根の一部である。

6 無性生殖

7 花粉管

8 精細胞

9 卵細胞

10 胚

11 生殖細胞

解説 精細胞や卵細胞は生殖細胞である。

12 発生

動物の有性生殖

□13 動物の雌(めす)のからだでつくられる生殖細胞(せいしょくさいぼう)は何か。

□14 雌のカエルでは、13は右図のaでつくられる。aは何か。

□15 動物の雄(おす)のからだでつくられる生殖細胞は何か。

□16 雄のカエルでは、15は右図のbでつくられる。bは何か。

□17 動物では、受精卵が細胞分裂(さいぼうぶんれつ)を始めてから自分で食物をとり始めるまでの間の子を何というか。

□18 17の細胞が分裂をくり返して、おとなの形になっていく過程を何というか。

有性生殖と生殖細胞の分裂

★□19 有性生殖では、生殖細胞は細胞の何という分裂によってつくられるか。

★□20 19では、分裂後の細胞の染色体(せんしょくたい)の数は、分裂前と比べてどうなるか。

13 卵(らん)

14 卵巣(らんそう)

15 精子

16 精巣

17 胚(はい)

解説 受精卵は、精子の核(かく)と卵の核が合体してできる。

18 発生

19 減数分裂

20 半分になる

生物
地学
化学
物理

記述力アップ!

Q ホウセンカの花では、開花直後はめしべが成熟しておらず、受粉することができない。開花から1週間程度が経過すると、花粉を出し終わったおしべがとれてなくなり、めしべが成熟して受粉が可能になる。このようなしくみにより、ホウセンカでは自家受粉が起こりにくくなっていると考えられている。自家受粉が起こりにくいことが、ホウセンカにとってどのように有利にはたらくか、簡潔に答えなさい。ただし、自家受粉とは、花粉が同じ花、もしくは同じ株の別の花のめしべにつくことをいう。 [高知]

A **ほかの個体から遺伝子を受けとることで、生まれる子の遺伝子の組み合わせを多様化することができる。**

解説 自家受粉に対して、花粉が別の株の花のめしべにつくことを他家受粉という。ホウセンカは他家受粉しやすい。一方、遺伝の実験でよく用いられるエンドウは、受精が終わるまでめしべとおしべが一緒(いっしょ)に花弁に包まれているため、自家受粉しやすい。

遺伝のしくみ

中3　重要度

親の形質の伝わり方

□ 1 生物がもつ形や性質など、生物がもつ特徴を何というか。	1 形質
□ 2 親のもつ 1 が子や孫に現れることを何というか。	2 遺伝
★□ 3 生物の形質を表すもとになるものは何か。	3 遺伝子
□ 4 3 は、細胞の核の中にある何に含まれているか。	4 染色体
★□ 5 生まれるすべての子の形質が、親と同じであるのは、無性生殖と有性生殖のどちらか。	5 無性生殖
□ 6 親から子へ受け継がれる形質を決めるのは、染色体にある何のはたらきか。	6 遺伝子
★□ 7 右図は、親から子への染色体の受け継がれ方を表したものである。a～cにあてはまるモデルとして適切なものを、次の**ア**～**オ**からそれぞれ選べ。	7 a オ b エ c ウ

雌　雄　分裂　生殖細胞　a　b　合体　子　c

ア　**イ**　**ウ**　**エ**　**オ**

解説 生殖細胞の染色体の数は、もとの細胞の半分になる。有性生殖では、受精して生まれた子は、両親のどちらかの形質が現れたり、両親のどちらとも異なる形質が現れたりする。

遺伝の規則性

□ 8 同じ形質の個体をかけ合わせたとき、代をいくつ重ねても、同じ形質の個体しか現れない生物を何というか。	8 純系
□ 9 エンドウの種子の丸い形としわのある形、子葉の色の黄色と緑色のように、どちらか一方しか現れない形質どうしを何というか。	9 対立形質

☆10 エンドウの丸い種子としわのある種子をかけ合わせると、すべて丸い種子ができた。丸い種子を何形質というか。

11 10で、丸い種子をつくる形質の遺伝子をA、しわのある種子をつくる形質の遺伝子をaとし、純系である親の代のエンドウを下図のように記号AA、aaで表すとき、子の代の遺伝子の組み合わせを表せ。

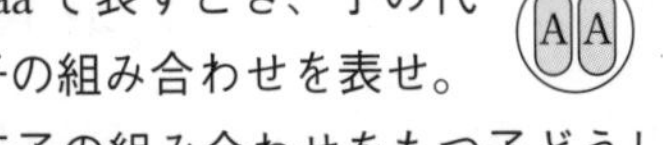

12 11の遺伝子の組み合わせをもつ子どうしをかけ合わせたとき、丸い種子ができる遺伝子の組み合わせをすべて答えよ。

☆13 12で、形質が規則正しく現れたとするとき、種子の個数の比「丸：しわ」を答えよ。

☆14 12で種子が100個できたとすると、丸い種子はおよそ何個あるか。

☆15 減数分裂(げんすうぶんれつ)では、対(つい)になっている遺伝子が分かれて1つずつ別々の生殖細胞(せいしょくさいぼう)に入る。この法則を何というか。

☆16 遺伝子の本体は、染色体(せんしょくたい)に含(ふく)まれる何という物質か。

!17 ある生物の染色体から切りとった遺伝子をほかの生物の遺伝子に組み換(か)える方法を何というか。

---

10 **顕性形質(けんせいけいしつ)（優性形質）**

解説 しわのある種子は、潜性形質(せんせいけいしつ)（劣性形質(れっせいけいしつ)）という。

11 **Aa**

解説 すべてAaとなる。

12 **AA、Aa**

13 **3：1**

解説 丸い種子AA、Aa、Aaと、しわのある種子aaができる。

14 **75個**

解説 丸：しわ＝3：1なので、丸い種子は、

$100 \times \frac{3}{3+1} = 75$（個）ある。

15 **分離(ぶんり)の法則**

16 **DNA（デオキシリボ核酸(かくさん)）**

17 **遺伝子組換え**

記述力アップ！

Q 有性生殖において、子の形質が親の形質と異なることがある理由を、「受精」「染色体」という2つの言葉を用いて簡単に答えなさい。［静岡］

A **受精によって、両方の親からそれぞれの染色体を受け継(つ)ぐから。**

解説 有性生殖では、受精卵(じゅせいらん)で対をなす染色体のうち、片方は雌(めす)から、もう片方は雄(おす)から受け継いでいて、雌と雄がもつさまざまな形質が子に遺伝する。一方、無性生殖では、体細胞分裂によって子が生まれるため、形質を伝える遺伝子が同じなので、生まれる子の形質は親と同じになる。

4 生物の進化とその歴史

中3 重要度

月　日

生物の歴史

□ 1 化石によって、化石が発見された地層の地質年代や、化石が発見された生物が生息していた場所の何が推測できるか。

1 環境（かんきょう）

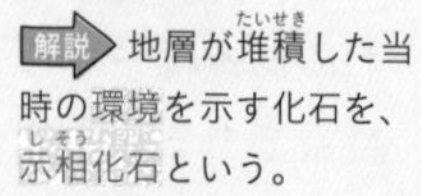

解説 地層が堆積（たいせき）した当時の環境を示す化石を、示相（しそう）化石という。

★□ 2 種子植物、シダ植物、コケ植物のうち、何がはじめに現れたか。

2 コケ植物

□ 3 種子植物、シダ植物、コケ植物のうち、何が最もあとに現れたか。

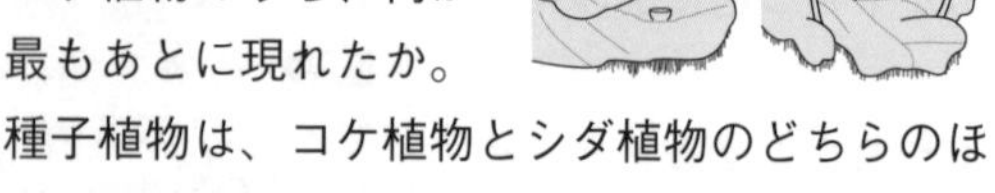

3 種子植物

□ 4 種子植物は、コケ植物とシダ植物のどちらのほうがなかまとして近いか。

4 シダ植物

★□ 5 種子植物とコケ植物とシダ植物は、どの順に水中の生活に適したものから陸上の生活に適したものになっているか。

5 コケ植物→シダ植物→種子植物

★□ 6 セキツイ動物の化石のなかで、最も古い地層から見つかっている化石は、何類の化石か。

6 魚類

□ 7 ハ虫類が出現し始める年代の地層では、セキツイ動物では、6やハ虫類のほかに何類の化石が見つかるか。

7 両生類

★□ 8 ハ虫類よりあとに出現してきたセキツイ動物は何類か、すべて答えよ。

8 鳥類、ホ乳類

□ 9 セキツイ動物は、水中から陸上、陸上から水中のどちらに適応していったか。

9 水中から陸上

□ 10 次の文の①、②にあてはまる語句を答えよ。

水中で生活する魚類や両生類よりあとに出現したハ虫類は、陸上の乾燥（かんそう）した環境にたえるため、(　①　)のある卵を産み、体表は(　②　)で覆（おお）われている。

10 ① 殻（から）　② うろこ

生物の進化

☆
□11 生物が長い時間をかけて代を重ねる間に変化することを何というか。

11 進 化

□12 セキツイ動物は、えらで呼吸をする魚類が進化し、何で呼吸をするものが現れたか。

12 肺

□13 両生類は、セキツイ動物の何類が進化したものと考えられているか。

13 魚 類

□14 ホ乳類は、セキツイ動物の何類が進化したものと考えられているか。

14 両生類

解説 ホ乳類とハ虫類は、両生類が進化したものと考えられている。

進化の証拠

☆
□15 現在の形やはたらきが違(ちが)っていても、同じものから変化したと考えられる器官を何というか。

15 相同器官

☆
□16 右図のような、化石で発見された鳥類の特徴(とくちょう)とハ虫類の特徴を合わせもつ動物を何というか。

16 始祖鳥(シソチョウ)

□17 16の動物がもつ、鳥類の特徴を２つ答えよ。

17 翼(つばさ)がある、体表に羽毛(うもう)がある

□18 16の動物がもつ、ハ虫類の特徴を２つ答えよ。

18 口に歯がある、翼につめがある

!
□19 形やはたらきが似ていても、発生の起源や基本的な構造が違う器官のことを何というか。

19 相似器官(そうじきかん)

思考力アップ!

Q 次の文のうち、進化について正しく述べたものはどれですか。［東京学芸大附属高］

ア スポーツ選手がボールの速さなどの変化にすばやく対応できるようになった。

イ チョウが幼虫から成虫になった。

ウ 遺伝子を組み換(か)える操作によって青色のバラができた。

エ クジラは陸上で生活していたホ乳類から長い年月をかけて変化した。

A **エ**

解説 進化は、長い時間をかけて、多くの代を重ねる間に遺伝子が変化し、形質が変わることである。**ア**、**イ**、**ウ**は、次の代にその変化が伝わらないので、進化ではない。

生物　図表でチェック ❸

中3

問題　図を見て、＿＿にあてはまる語句や数値を答えなさい。

1 細胞分裂

□(1) 細胞分裂の各段階を模式的に表した右図で、aの部分を 核 、bのひも状のものを 染色体 という。

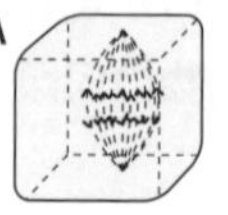

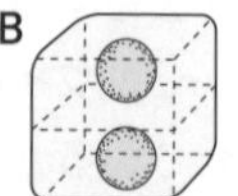

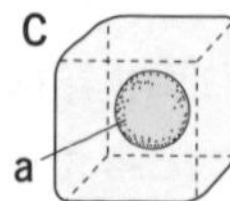

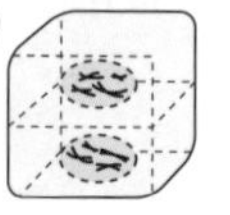

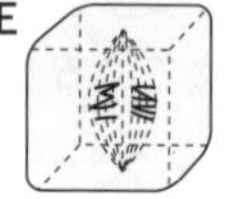

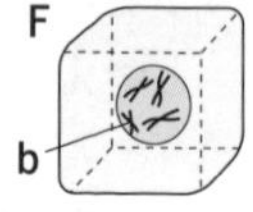

□(2) 図のA～Fを細胞分裂の正しい順に並べると、

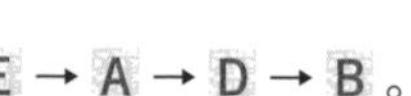

C → F → E → A → D → B 。

□(3) 細胞分裂は、タマネギの根の 先端に近い部分 でよく見られる。

□(4) 細胞分裂する前に、図のひも状のbは複製されて、bの数は 2倍 になる。

2 生物のふえ方

□(1) 右の被子植物の花の断面図で、めしべの先端についた花粉からのびている管を 花粉管 という。

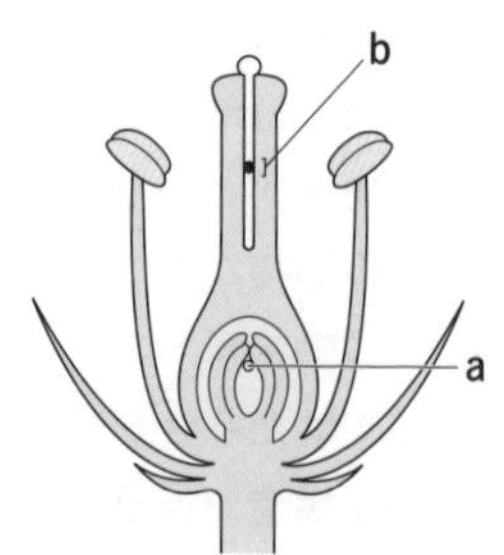

□(2) 図のaの細胞を 卵細胞 といい、bの細胞を 精細胞 という。

□(3) 動物では、aの細胞と同じはたらきをする細胞を 卵 といい、bの細胞と同じはたらきをする細胞を 精子 という。

□(4) aの細胞やbの細胞がつくられるときに行う特別な細胞分裂のことを 減数分裂 といい、染色体の数は 半分 になる。

3 動物の有性生殖

□(1) 右図はカエルの受精卵が育つようすを表している。受精卵が細胞分裂をくり返しながら親と同じ個体になるまでの過程を 発生 という。

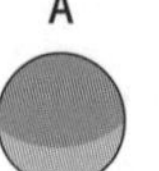

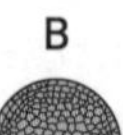

□(2) A～Eを、Aを1番目としてカエルの 発生 の順に並べかえると、A→ E → C → B → D となる。

4 遺伝のしくみ

□(1) 右図は、雌と雄のからだでつくった卵と精子が合体して新しい個体ができるようすのモデル図である。図で、⦶や⦶は **染色体** を表している。

□(2) 雌と雄のつくる生殖細胞が合体して、新しい個体ができる生殖の方法を **有性生殖** という。

□(3) 形質を表すもとになるものは **遺伝子** で、右図では、⦶や⦶に含まれている。

雌　雄
分裂
生殖細胞

5 遺伝の規則性

□(1) 右図のA、aはエンドウの丸い種子としわのある種子の遺伝子を表している。①に入る遺伝子は **A**、②に入る遺伝子は **a** である。

□(2) ③と④に入る遺伝子の組み合わせは **Aa** で、子は **すべて丸い** 種子になる。

□(3) ⑤に入る遺伝子は **a**、⑥に入る遺伝子は **A**、⑦〜⑨に入る遺伝子の組み合わせはそれぞれ **AA**、**Aa**、**aa** である。

□(4) 孫の代では、丸い種子としわのある種子が現れる割合は **3**：**1** である。

丸い種子をつくる株　しわのある種子をつくる株
親　AA　aa
A　①　②　a
子　Aa　③　④　Aa
A　⑤　⑥　a
孫　⑦　Aa　⑧　⑨

6 生物の進化

□(1) 右図のホ乳類のいろいろな動物の前あしのように、現在の形やはたらきが違っていても、もとは同じ器官であったと考えられるものを **相同器官** という。

□(2) 鳥類では、A〜Cにあたる器官は、**翼（羽）** になっている。

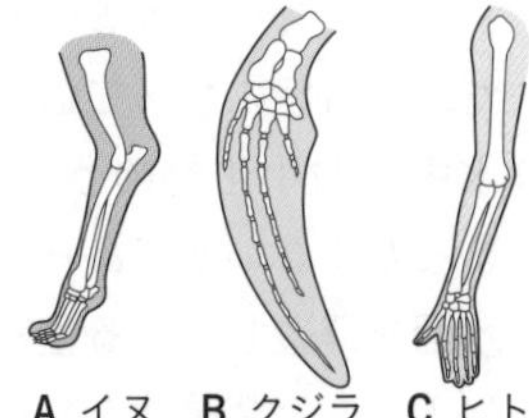
A イヌ　B クジラ　C ヒト

□(3) セキツイ動物は、**水中** 生活から **陸上** 生活に適したものに向かって、**魚** 類→**両生** 類→ハ虫類や **ホ乳** 類、さらにハ虫類→**鳥** 類のように進化したと考えられている。

月　日

微生物と生物のつり合い

中3　重要度

生物どうしのつり合い

□ 1 ある生物を中心としたとき、その生物をとりまいている外界を何というか。

1 環境

□ 2 ある地域に生息するすべての生物と、それをとりまく生物以外の環境を何というか。

2 生態系

★□ 3 食べる・食べられるという関係による生物間のつながりを何というか。

3 食物連鎖

★□ 4 生態系において、無機物から有機物をつくり出すものを何というか。

4 生産者

解説 植物は生産者。

★□ 5 生態系において、4がつくった有機物を食べるものを何というか。

5 消費者

解説 動物は消費者。

□ 6 食物連鎖でつながっている生物の数量関係を右図のように表したとき、草食動物はA～Dのどれか。

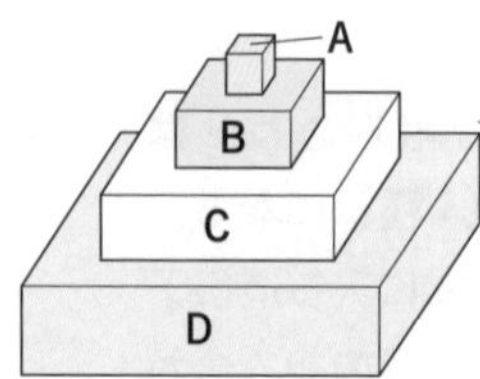

6 C

解説 Dは植物、Cは草食動物、Bは肉食動物、Aは肉食動物を食べる肉食動物である。

□ 7 イネ、バッタ、カエル、フクロウがいる生態系において、カエルは図のA～Dのどれになるか。

7 B

★□ 8 上図で、一時的にBの数量が減ったとき、続いて一時的に増えるのはA、Cのどちらか。

8 C

★□ 9 食べる・食べられるの関係は、複雑に入り組んだ網の目状になっている。これを何というか。

9 食物網

□10 水中の微小生物のうち、自分自身に移動力がまったくないか、あっても非常に弱く、水中や水面を浮遊している生物を何というか。

10 プランクトン

□11 10のうち、葉緑体をもっていて光合成を行うものを何というか。

11 植物プランクトン

□12 10のうち、光合成を行わず、ほかの生物を食べるものを何というか。

12 動物プランクトン

土の中の生物

□13 土の中の食物連鎖(しょくもつれんさ)での生物などの数量関係を右図のように表したとき、落ち葉や動物の死がいはA～Dのどれか。

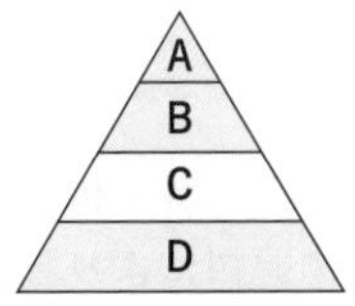

□14 ダンゴムシやミミズは図のA～Dのどれか。

☆□15 土の中の微生物(びせいぶつ)や小動物のように、生態系において、生物の死がいなどの有機物を無機物に分解する過程に関わるものを何というか。

□16 カビやキノコのなかまは何類というか。

□17 乳酸菌や大腸菌のように、単細胞生物(たんさいぼうせいぶつ)で、おもに細胞分裂(さいぼうぶんれつ)によってふえるものを何類というか。

13 D

解説 落ち葉や動物の死がいには有機物がある。

14 C

解説 有機物は土の中の生物によって分解される。

15 分解者

16 菌(きん)類(るい)

17 細菌類

自然界での物質の循環

□18 生産者である植物が、無機物の二酸化炭素と水を吸収して、有機物をつくり、酸素を放出するはたらきを何というか。

☆□19 有機物は、分解者である微生物にとりこまれ、酸素を使って水と何に分解されるか。

18 光合成

19 二酸化炭素

解説 このはたらきを呼吸という。

思考力アップ！

Q 生活排水(はいすい)が大量に海に流れこむと、これを栄養源として植物プランクトンが大量に発生することがある。大量に発生した植物プランクトンの多くは、水中を浮遊(ふゆう)後、死んで海底へ沈(しず)む。死んだ大量の植物プランクトンを、微生物が海底で分解することで、海底に生息する生物が死ぬことがある。植物プランクトンを分解するときに硫化水素(りゅうかすいそ)などの物質を発生させる微生物が存在することが原因の1つであるが、下線部の現象が起こる原因はほかにも考えられる。簡単に答えなさい。 [静岡]

A （分解に大量の酸素を使うため、）水中の酸素が不足するため。

解説 微生物の中には、有機物を無機物に分解するときに、硫化水素のように生物に有毒な物質を発生させる種がいる。また、分解には酸素が必要なので、微生物が大量のプランクトンを分解すると、海底の酸素が不足し、ほかの生物が死ぬことがある。

自然と人間のかかわり

中3　重要度

人間の活動と自然環境

★□ 1 生物体内にとり入れられた分解・排出できない物質が、蓄積されて食物連鎖により高次の消費者に濃縮されていく現象を何というか。

1 生物濃縮

!□ 2 さまざまな環境条件を調べるとき、そこに生息する生物の中からある条件に敏感な生物を用いて調べる。このような生物を何というか。

2 指標生物

□ 3 家庭や工場などの排水に含まれる有機物を、水中の微生物は水中の何を使って分解するか。

3 酸素

□ 4 化石燃料の大量消費や世界的な規模での森林の減少により、大気中の何の濃度が年々上昇しているか。

4 二酸化炭素

★□ 5 地球の年平均気温が上昇する現象を何というか。

5 地球温暖化

解説 二酸化炭素の濃度の増加が、原因の1つと考えられている。

□ 6 高度20～30 kmにあり、動植物に有害な紫外線を吸収して、地表に届く量を制限するはたらきをしている層を何というか。

6 オゾン層

★□ 7 ある地域にそれまで生息していなかった種類の生物で、人によってもちこまれて野生化した生物を何というか。

7 外来生物（外来種）

解説 もともとその地域に生息していた生物は、在来生物（在来種）という。

□ 8 絶滅のおそれがある野生生物の種を何というか。

8 絶滅危惧種

気象がもたらす災害

□ 9 日本列島付近に毎年やってくる、強風や豪雨で大きな被害をもたらす熱帯低気圧を何というか。

9 台風

□ 10 河川の排水能力を超える大雨が降ると、何が起きて家や田畑を水浸しにするか。

10 洪水

□ 11 長時間雨が降り続くと、地盤がゆるんで傾斜地で起きることがある災害は何か。

11 土砂くずれ

地震や火山の災害

□12 日本は、プレートどうしがぶつかり、沈みこむ場所にある。沈みこむのは大陸プレート、海洋プレートのどちらか。

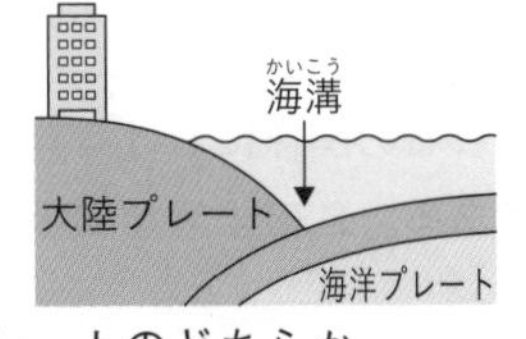

□13 地震が起きるとき、ひずみが限界に達して先端がはね上がるのは、大陸プレート、海洋プレートのどちらか。

★□14 プレートの先端がはね上がって地震が起きたとき、海底の地形が変化し、海水が盛り上がることで発生することがある災害を何というか。

□15 火山の噴火により、数百℃の岩石やその破片が、高速で斜面を流れ落ちる現象を何というか。

□16 災害が発生したときの、被害を受ける可能性がある区域や、避難場所、避難経路などの情報を提供する地図を何というか。

12 **海洋プレート**

13 **大陸プレート**

14 **津波**

15 **火砕流**

解説 家を破壊したり、燃やしたりして人命を奪うこともある。

16 **ハザードマップ**

記述力アップ！

Q 図は、岩手県大船渡市三陸町綾里において、気象庁が観測した地球温暖化に関わる「ある物質」の大気中の濃度の経年変化である。このグラフは数年あたりでは増加傾向を示すが、1年あたりで見たときには増加と減少の「小さな変動」を示す。この「小さな変動」の中で減少する理由を答えなさい。

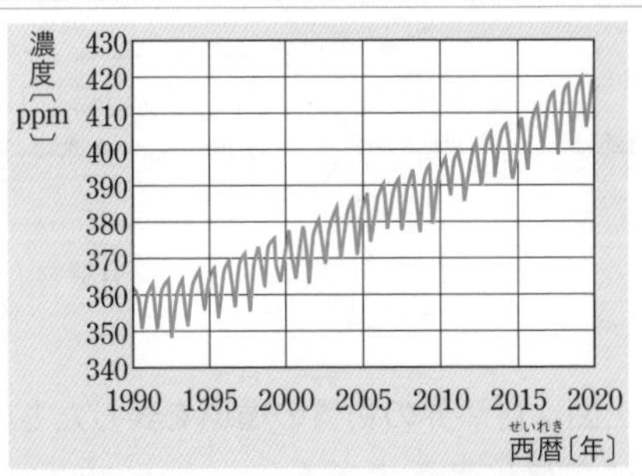

［お茶の水女子大附高］

A **夏は植物の光合成が盛んになり、大気中の二酸化炭素の吸収量が増加するため。**

解説 グラフは、1990 年から 2020 年の間の大気中の二酸化炭素濃度の変化を表している。北半球では、夏に植物の光合成が盛んになるため減少する。一方、冬には植物が枯れたり葉が落ちたりして、光合成のはたらきが弱まるため増加する。よって、大気中の二酸化炭素濃度が最も減少する季節は秋、最も増える季節は春である。

図表でチェック ❹

問題 図を見て、＿＿にあてはまる語句を答えなさい。

1 生物のつり合い

頂点は消費者の肉食動物

A

B

C

D

□(1) 右図は食べる・食べられるの関係における数量関係を表したものである。このような関係を **食物連鎖** という。

□(2) B～Dのうち、植物や藻類があてはまるのは **D** 、草食動物があてはまるのは **C** である。

□(3) A～Dの生物の数量は、DからAへ向かうほど **少なく** なる。

□(4) 何らかの原因によってBの生物が急激に増加した場合、Aの生物の数量は **増加** し、Cの生物の数量は **減少** する。

2 物質の循環

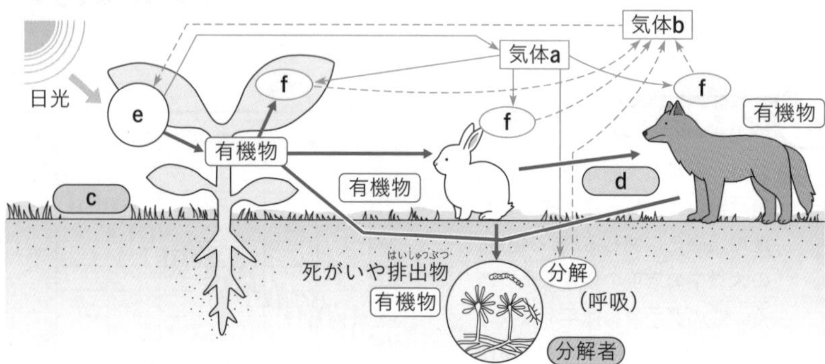

□(1) 上図は自然界の物質の循環を表したものである。気体aは **酸素** 、気体bは **二酸化炭素** である。

□(2) cの植物のように、無機物から有機物をつくり出す生物を **生産者** という。その有機物を直接的、間接的に食べて生きている、dのような動物を **消費者** という。

□(3) eは無機物から有機物をつくり出すはたらきで、**光合成** という。fはaを使ってbを放出するはたらきで、**呼吸** という。

第1章｜大地の変化 …… 56
第2章｜天気とその変化 …… 66
第3章｜地球と宇宙 …… 80

EARTH SCIENCE

月　日

1 火山活動とマグマ

中1　重要度

火山活動と火山の形

□ 1 地球内部の熱により、地下の岩石がどろどろにとけたものを何というか。

1 マグマ

□ 2 1が上昇(じょうしょう)して地表にふき出す現象のことを何というか。

2 噴(ふん)火(か)

□ 3 火山がつくるマグマが、地表に現れたものを何というか。

3 溶(よう)岩(がん)

□ 4 噴火のときにふき出された火山灰など、マグマがもとになってできたものを何というか。

4 火山噴出物

解説 火山灰のほかに火山ガス、溶岩、火山弾(かざんだん)、火山れきなどがある。

★□ 5 火山の形を大きく3つのタイプに分けると、右図のようになる。マグマのねばりけが最も強いのは、ア～ウのどれか。

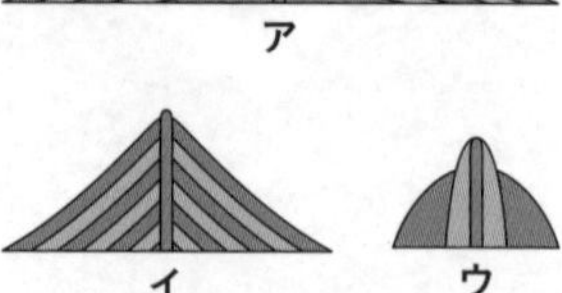

5 ウ

解説 マグマのねばりけは、アが最も弱く、ウが最も強い。

★□ 6 最もおだやかな噴火が起こるのは、上図のア～ウのどれか。

6 ア

★□ 7 溶岩が最も白っぽい色をしているのは、上図のア～ウのどれか。

7 ウ

!□ 8 マグマのねばりけが中程度で、溶岩の流出と火(か)山砕(ざんさい)せつ物(ぶつ)の堆積(たいせき)が交互(こうご)に行われた円すい形の火山を何というか。

8 成層火山

解説 5の図のイが成層火山で、富士山や桜島などが有名である。

□ 9 およそ過去1万年以内に噴火したと判断される火山や、現在も活発に活動している火山を何というか。

9 活火山

火山活動と岩石

□10 マグマが冷えて固まるときにできる粒(つぶ)の中で、結晶(けっしょう)になったものを何というか。

10 鉱物

□11 マグマが冷えて固まった岩石を何というか。

11 火成岩

★□12 マグマが地表や地表近くで急速に冷え固まってできた岩石を何というか。

12 火山岩

★□13 マグマが地下深くでゆっくりと冷え固まってできた岩石を何というか。

13 深成岩

★□14 右図は、ルーペで観察した火山岩のスケッチである。比較的大きな粒の結晶 **a** と、形がわからないほど小さな粒 **b** をそれぞれ何というか。

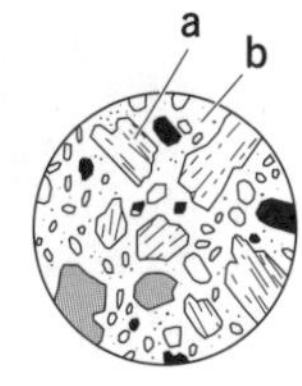

14 a 斑晶
b 石基

★□15 上図のような、**a** が **b** の間に散らばっているつくりを何というか。

15 斑状組織

解説 玄武岩、安山岩、流紋岩などで見られる。

★□16 右図の深成岩のスケッチのように、同じくらいの大きさの鉱物がきっちりと組み合わさっているつくりを何というか。

16 等粒状組織

解説 斑れい岩、閃緑岩、花こう岩などで見られる。

思考力アップ！

Q ある地域で採取した花こう岩と玄武岩について、岩石に含まれる有色鉱物の割合と鉱物の粒の大きさの関係に注目して、図に整理した。次の**ア**～**エ**のうち、整理した図として正しいものはどれか、選びなさい。［岩手］

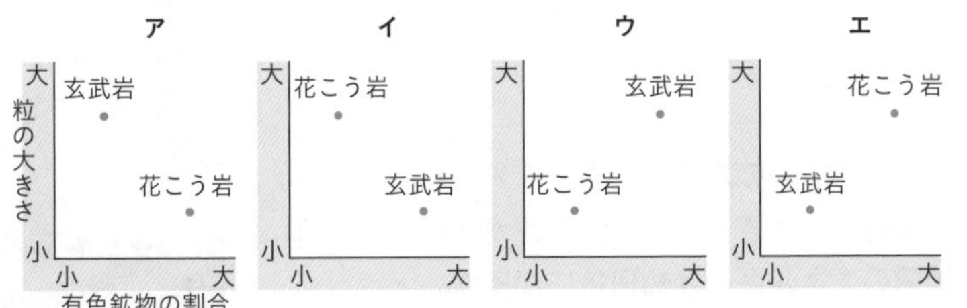

A イ

解説 花こう岩は深成岩、玄武岩は火山岩なので、花こう岩は粒の大きい鉱物が多いが、玄武岩は粒の大きい鉱物が少ない。また、花こう岩は有色鉱物が少ないので白っぽく、玄武岩はカンラン石や輝石などの有色鉱物を多く含むので黒っぽい岩石である。

月　日

2 地震とそのゆれ

中1　重要度

地震のゆれと大きさ

□ 1 右図のAは、震源の真上にある地表の点である。この地点を何というか。

□ 2 右図のBは、地表の観測点と震源の距離である。この距離を何というか。

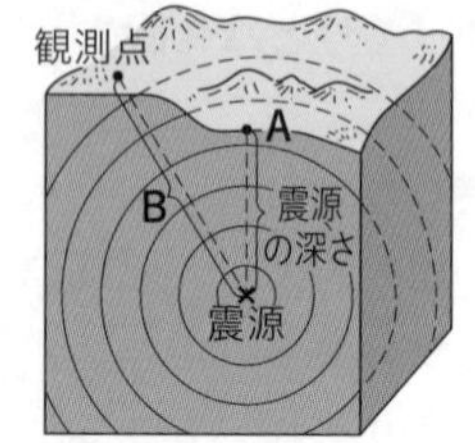

☆□ 3 下図は、ある地震のゆれを地震計で記録したものである。はじめの小さなゆれaを何というか。

☆□ 4 右図のaに続く大きなゆれbを何というか。

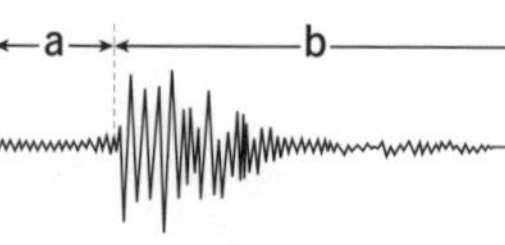

□ 5 上図のaは、伝わる速さの速い波による地面のゆれである。この波を何というか。

□ 6 上図のbは、伝わる速さの遅い波による地面のゆれである。この波を何というか。

☆□ 7 5と6の2つの波が到着するまでの時間の差を何というか。

□ 8 7の長さは、観測地点から震源までの距離が長くなるほど、長くなるか、短くなるか。

☆□ 9 地震によるある地点での地面のゆれの大きさを何というか。

☆□10 地震そのものの規模の大きさを表すものは何か。

□11 10の値が1大きくなると、震源から放出される地震のエネルギーは約何倍になるか。

□12 地震発生時の初期微動をとらえて、コンピューターで震源の位置や地震の規模を自動的に分析・計算し、大きなゆれが始まる時刻や震度を予測して知らせる予報・警報を何というか。

---

1 震央

解説 震源は地震が発生した地点。

2 震源距離

3 初期微動

4 主要動

5 P波

解説 Primary wave（最初にくる波）の意味。

6 S波

解説 Secondary wave（次にくる波）の意味。

7 初期微動継続時間

8 長くなる

9 震度

解説 震度は10段階に分けられている。

10 マグニチュード

解説 記号Mで表す。

11 約32倍

12 緊急地震速報

地震による土地の変化

☐13 規模の大きな地震などにより、土地がもち上がることを何というか。

13 隆起

☐14 規模の大きな地震などにより、土地が沈むことを何というか。

14 沈降

☐15 地震の震源が海底にあった場合に、海底の地形が急激に変化し、海水が大きく盛り上がり、大きな災害をもたらすことのある現象は何か。

15 津波

解説 地震による災害には、土砂くずれや液状化現象などもある。

地震が起こるしくみ

☐16 地球の表面を覆っている、厚さ 100 km ほどの板状の岩盤を何というか。

16 プレート

☐17 日本列島付近の16の境界付近で起こる地震は、右図のア、イのどちらのようにして発生するか。

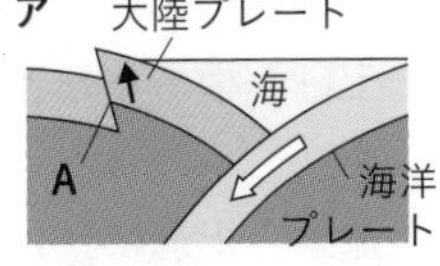

17 イ

☐18 図のアで、今後も大地がくり返しずれる可能性がある場所Aを何というか。

18 活断層

解説 日本列島の真下の浅いところで起こる地震は、大陸プレートの活断層が動いて起こる。

思考力アップ!

Q 表は、日本のある地域で発生した地震について、地点a～dそれぞれにおける震源からの距離と、初期微動が始まった時刻および主要動が始まった時刻をまとめたものである。この地震が発生した時刻は何時何分何秒か、求めなさい。 ［山梨］

地　点	震源からの距離	初期微動が始まった時刻	主要動が始まった時刻
a	36 km	6 時 56 分 58 秒	6 時 57 分 01 秒
b	48 km	6 時 57 分 00 秒	6 時 57 分 04 秒
c	84 km	6 時 57 分 06 秒	6 時 57 分 13 秒
d	144 km	6 時 57 分 16 秒	6 時 57 分 28 秒

A 6 時 56 分 52 秒

解説 地点cとdを比べると、144−84＝60〔km〕の距離を、初期微動を起こすP波が 10 秒かけて進んでいるので、P波の速さは、60÷10＝6〔km/秒〕である。地震が発生した時刻は、地点aで初期微動が始まる、36÷6＝6〔秒〕前で、6 時 56 分 52 秒である。

3 地層のつくり

中1　重要度 ★★★

地層のでき方

★□ 1 岩石が、長い間に気温の変化や風雨のはたらきによって、もろくなってくずれていく現象を何というか。

★□ 2 もろくなった岩石は、流水によりけずられる。このような水のはたらきを何というか。

★□ 3 1や2によってできた土砂(どしゃ)(れき、砂、泥(どろ))は流水によって下流へと運ばれる。流水が土砂を運ぶはたらきを何というか。

★□ 4 流水によって運ばれた土砂は、川の流れが弱くなったところで積もる。土砂が積もることを何というか。

□ 5 下図のA～Cは、川の上流から下流にかけて見られる特徴的(とくちょうてき)な地形を表している。Aのような、川の上流で見られる、傾斜(けいしゃ)が急で深い谷を何というか。

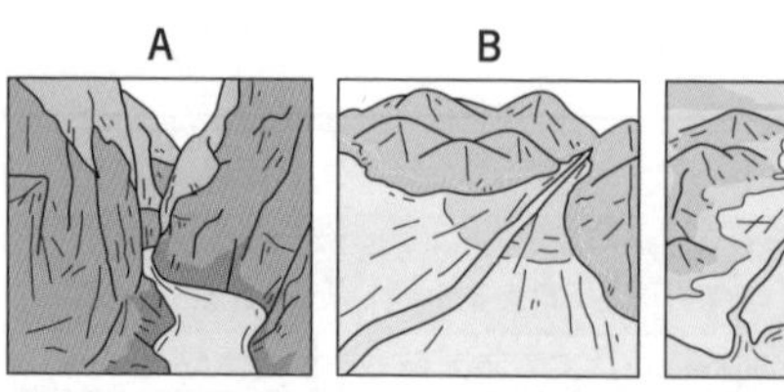

□ 6 Bのような、川が平地に出たところによく見られる地形を何というか。

□ 7 Cのような、河口に見られる地形を何というか。

□ 8 7のような地形に堆積する土砂は、粒(つぶ)の大きいもの、粒の小さいもののどちらが多いか。

□ 9 海岸や河川(かせん)沿いのがけや道路の切り通しなどの、地層が現れている場所を何というか。

□ 10 地層のつくりを柱状に表した図を何というか。

1 風化

2 侵食(しんしょく)

3 運搬(うんぱん)

4 堆積(たいせき)

解説 風化、侵食、運搬、堆積がくり返されて、地層がつくられる。

5 V字谷(ブイじこく)

6 扇状地(せんじょうち)

解説 川が、山地から平らな土地に出たところにつくられる。

7 三角州(さんかくす)

解説 川が、海や湖に出たところにつくられる。

8 粒の小さいもの

9 露頭(ろとう)

10 柱状図

地層をつくる岩石

☆□11 海底や湖底に積もったれき・砂・泥（どろ）などが、長い間押（お）し固められてできた岩石を何というか。

□12 れき・砂・泥でできた、れき岩・砂岩・泥岩（でいがん）の区別は含（ふく）まれる粒（つぶ）の何で行うか。

□13 れき岩に含まれるれきの形には、どんな特徴（とくちょう）があるか。

☆□14 火山灰が降り積もって固まってできた岩石を何というか。

☆□15 おもに生物の死がいなどが堆積してできた岩石を何というか、2つ答えよ。

☆□16 右図のように、うすい塩酸をかけると、とけて気体を発生するのは、石灰岩とチャートのどちらか。

□17 16で、発生した気体は何か。

☆□18 くぎでひっかいても傷がつかないほどかたいのは、石灰岩とチャートのどちらか。

11 堆積岩（たいせきがん）

12 大きさ

解説 直径 2 mm 以上の粒がれき、2 ～ 0.06 mm が砂、0.06 mm 以下が泥である。

13 丸みを帯びている

14 凝灰岩（ぎょうかいがん）

15 石灰岩、チャート

16 石灰岩

17 二酸化炭素

解説 貝殻（かいがら）やサンゴは炭酸カルシウムという物質でできていて、塩酸と反応して二酸化炭素を発生する。

18 チャート

思考力アップ！

Q 図は、ある地点で観察した地層のようすを模式的に表したものである。この地層が堆積する間に海水面はどのように変化したと考えられるか、次の**ア**～**エ**から選びなさい。ただし、この地層は海底で連続して堆積したものである。また、断層やしゅう曲はないものとする。［青森］

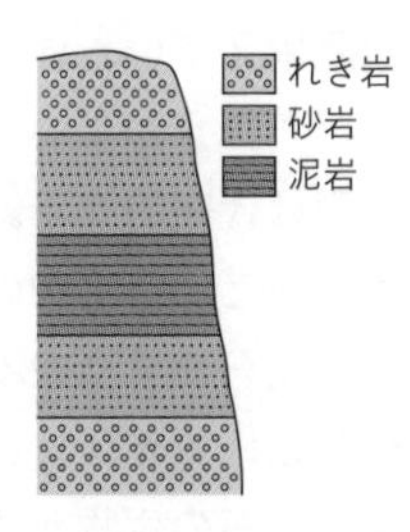

ア 上昇（じょうしょう）した。　**イ** 上昇したあと、下降した。

ウ 下降した。　**エ** 下降したあと、上昇した。

A **イ**

解説 れきは海岸近くの浅い場所、泥は海岸から遠く深い場所で堆積する。最下層のれき岩の層→砂岩の層→泥岩の層のときは、海水面が上昇して海が深くなり、その後、砂岩の層→れき岩の層のときは、海水面が下降して海が浅くなったと考えられる。

4 地層と化石、大地の変動

中Ｉ　重要度

地層と化石

□ 1 地層ができた当時すんでいた、生物のからだの一部や動物のすみかのあとなどが地層に残っているものを何というか。

□ 2 地層が堆積(たいせき)した環境(かんきょう)が、海岸近くの浅い海であったことを示す堆積岩は何か。

★□ 3 地層ができた当時、火山の噴火(ふんか)があったことを示す堆積岩は何か。

★□ 4 地層が堆積した当時の環境を推定することができる化石を何というか。

★□ 5 サンゴのなかまの化石が含(ふく)まれる地層が堆積した当時の環境を、次の**ア**～**エ**から選べ。

ア　あたたかくて浅い海

イ　冷たくて浅い海

ウ　あたたかくて深い海

エ　冷たくて深い海

★□ 6 地層が堆積した年代を推定することができる化石を何というか。

□ 7 ある生物の化石が 6 となるには、その生物が長期間栄えていたほうがよいか、短期間で絶滅(ぜつめつ)していたほうがよいか。

□ 8 右図は代表的な示準化石である。何という生物の化石か。

★□ 9 図の化石が見つかる地層が堆積した地質年代はいつだと推定できるか。

□10 図の化石の生物がすんでいた範囲(はんい)は、広い範囲か、それともせまい範囲か。

□11 離(はな)れた地点での地層の新旧を決めるなど、地層の対比に役立つ基準となる層を何というか。

1 **化石**

2 **れき岩**

3 **凝灰岩(ぎょうかいがん)**

4 **示相化石(しそう)**

5 **ア**

6 **示準化石**

7 **短期間で絶滅していたほうがよい**

解説 短期間で絶滅しているほうが、年代を絞(しぼ)りこみやすい。

8 **アンモナイト**

9 **中生代**

10 **広い範囲**

解説 示準化石となる生物は、広い範囲にすんでいた。

11 **かぎ層**

大地の変動

☐12 右の図Aは、地殻(ちかく)の変動によって地層が切れて、ずれている。このようなずれを何というか。

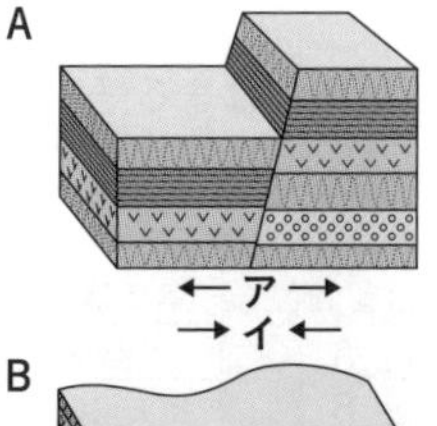

☐13 図Aのようなずれができたのは、図中のア、イのどちらの向きに力がはたらいたためか。

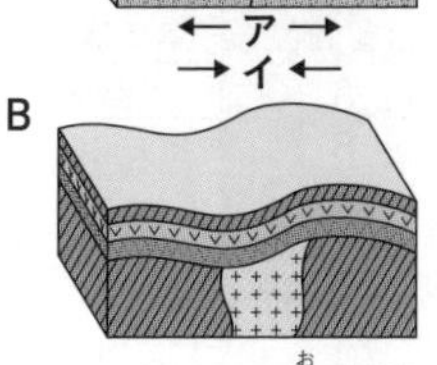

☐14 図Bのように、地層に力がはたらいて、押(お)し曲げられたものを何というか。

☐15 日本列島のような海洋プレートが大陸プレートの下に沈(しず)みこむ場所では、プレートどうしの境目で何が起こるか、2つ答えよ。

☐16 海洋プレートが大陸プレートの下に沈みこむ場所では、2つのプレートの境界に何をつくるか。

☐17 陸のプレートどうしがぶつかる場所では、プレートどうしの押し合いが長い間続き、何ができるか。

12 断層

13 ア

解説 この図では、左側が右側より下がっているので、引く力がはたらいた。

14 しゅう曲

15 地震(じしん)、火山活動

16 海溝(かいこう)

17 高い山（山脈、山地）

思考力アップ！

Q 図のような標高の異なるA～Dの4地点で、ボーリングによる調査を行い、結果を柱状図にまとめた。このとき、D地点では、凝灰岩(ぎょうかいがん)は地表から何mの深さに現れますか。ただし、この地域では断層やしゅう曲は見られなかった。［岩手―改］

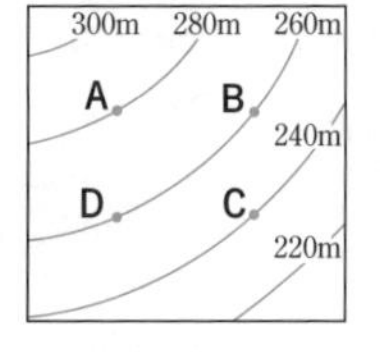

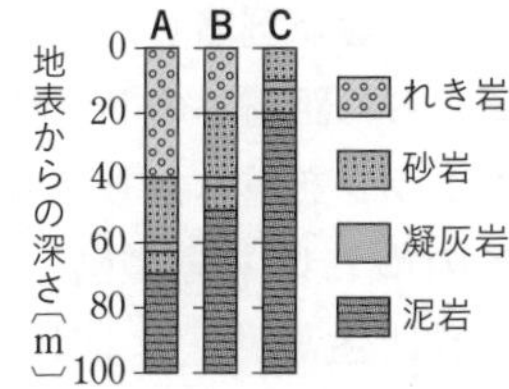

A 30 m

解説 凝灰岩の層の上面の標高は、A地点が、280－60＝220〔m〕、B地点が、260－40＝220〔m〕、C地点が、240－10＝230〔m〕である。つまり、地層はAB方向には水平で、BC方向にC地点からB地点に向かって低くなる。D地点の凝灰岩はC地点と同じ標高230mにあるので、地表からは、260－230＝30〔m〕の深さに現れる。

地学　図表でチェック ❶　中１

問題　図や表を見て、＿＿にあてはまる語句を答えなさい。

1 火山活動と岩石

岩石の色	黒っぽい ←	中間	→ 白っぽい
A	玄武岩	安山岩	流紋岩
B	斑れい岩	閃緑岩	花こう岩

鉱物を含む割合〔体積％〕（0・50・100）　a　b　c　角閃石　輝石　カンラン石　その他の鉱物　無色鉱物　有色鉱物

□(1) 表のAは、マグマが地表や地表付近で **短い** 時間で冷えて固まった火成岩で、**火山岩** といい、**斑状組織** というつくりをもつ。

□(2) 表のBは、マグマが地下深くで **長い** 時間をかけて冷えて固まった火成岩で、**深成岩** といい、**等粒状組織** というつくりをもつ。

□(3) 表のaは白色か灰色の鉱物で決まった方向に割れ、bは無色か白色の鉱物で不規則に割れる特徴がある。aは **長石** 、bは **石英** である。

□(4) 表のcは黒色の鉱物で、決まった方向にうすくはがれる特徴がある。この鉱物は **黒雲母** である。

2 地震とそのゆれ

□(1) 右図は、8時30分0秒に発生した地震の記録で、A地点での地震計の記録に、地震の2つの波が到着した時刻と震源からの距離との関係を表したグラフを重ねたものである。Xのゆれは **初期微動** 、Yのゆれは **主要動** とよばれる。

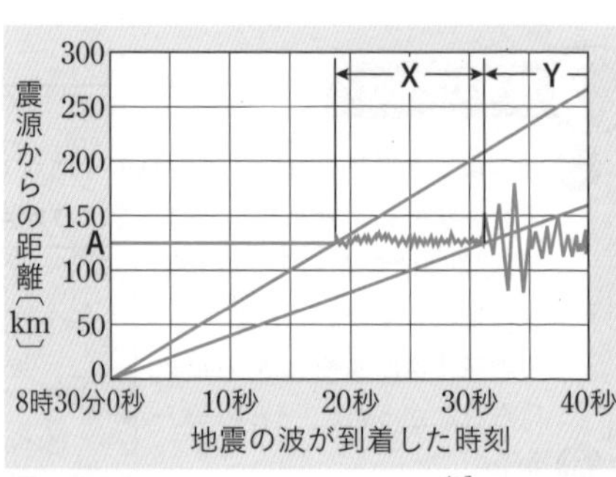

□(2) Xは速さの速い波 **P波** による地面のゆれであり、Yは速さの遅い波 **S波** による地面のゆれである。

□(3) P波とS波の到着時刻の差を、**初期微動継続時間** といい、この時間が長くなるほど、震源からの距離は **遠い** 。

3 地層のつくり

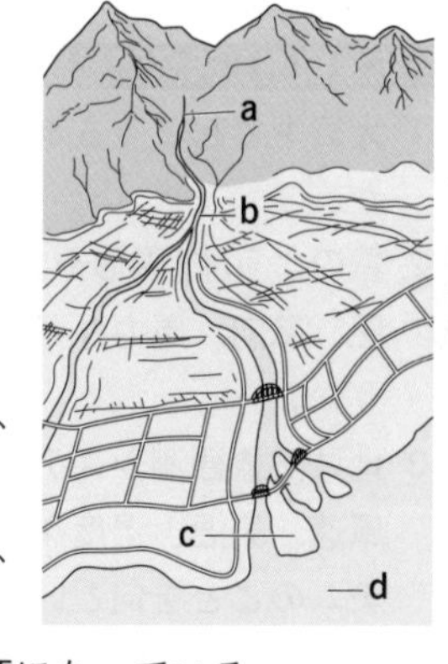

□(1) 図のaのように、川の上流にできる深い谷のことを **V字谷** という。

□(2) 図のbのように、川が平地に出てくるところにできる地形を **扇状地** という。

□(3) 図のcのように、川の河口付近にできる地形を **三角州** という。

□(4) 図のa～cのうち、侵食が最も盛んな場所は **a** 、堆積が最も盛んな場所は **c** である。

□(5) 図のdの位置で、流水で運ばれてきたれき、砂、泥は粒が **大きい** 順に沈む。一度に積もってできた海底の地層は、下から **れき** → **砂** → **泥** の順になっている。

□(6) 海底に堆積したものが、長い年月をかけて押し固められてできた岩石を **堆積岩** という。

□(7) 図のdよりも沖合では、生物の死がいや水にとけていた成分が堆積することがあり、堆積してできた岩石には、うすい塩酸をかけると二酸化炭素が発生する **石灰岩** 、気体が発生しない **チャート** がある。

4 地層と化石

□(1) 右図のA～Cは、地層の堆積した年代を推定するのに役立つ代表的な **示準化石** である。このような化石として適しているのは、**広い** 範囲にすんでいて、**短い(限られた)** 期間に栄えて絶滅した生物である。

A

□(2) Aは **サンヨウチュウ** の化石、Bは **アンモナイト** の化石、Cは **ビカリア** の化石である。

B

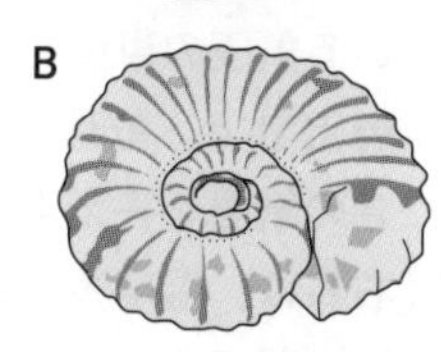

□(3) これらの化石が見つかる地層が堆積した地質年代は、Aは **古生代** 、Bは **中生代** 、Cは **新生代** である。

C

□(4) 化石には、地層が堆積した当時の環境を推定することができる **示相化石** もある。

月　日

気象の観測

中2　重要度 ☐☐☐

気象観測と天気図記号

□ 1 大気中で起こるさまざまな自然現象を何というか。

□ 2 雲のようす(雲形や雲量など)、気温、湿度(しつど)、気圧、風向、風力などのことを、総称(そうしょう)して何というか。

□ 3 地域気象観測システムのことで、降水量、風向、風速、気温、湿度などを自動的に集計するシステムのことを何というか。

★□ 4 風向は、風の吹(ふ)いていく方向、風の吹いてくる方向のどちらを表すか。

□ 5 雨や雪が降っておらず、雲量が7のときの天気を答えよ。

□ 6 5の天気記号を答えよ。

□ 7 気温は、温度計の球部に直射日光を当てないようにして、地上から何mの高さで測定するか。

★□ 8 右図のように、気象観測の結果を記号で表した。このときの天気を答えよ。

★□ 9 右図の、風向と風力を答えよ。

★□10 気圧は、気圧計を使って測定する。このとき用いる気圧の単位を答えよ。

□11 乾湿計(かんしつけい)で、乾球が14.0℃、湿球が12.0℃のときの気温を答えよ。

★□12 右表は、湿度表の一部である。乾球と湿球の温度が11のときの湿度を答えよ。

乾球の温度(℃)	乾球と湿球の温度の差(℃)				
	0.0	0.5	1.0	1.5	2.0
15	100	94	89	84	78
14	100	94	89	83	78
13	100	94	88	82	77
12	100	94	88	82	76

1 **気象**

2 **気象要素**

3 **アメダス(AMeDAS)**

4 **風の吹いてくる方向**

5 **晴れ**

解説 雲量が2〜8のとき、晴れである。

6 ⦶

7 **1.2〜1.5 m**

8 **くもり**

9 風向 **北東**
風力 **4**

10 **ヘクトパスカル(hPa)**

11 **14.0℃**

12 **78 %**

解説 表で、乾球の温度が14℃、乾球と湿球の温度の差が2.0℃のところの数値を読む。

天気の変化

□13 晴れた日に、気温が最も低くなるのはいつごろか、次の**ア**～**ウ**から選べ。

ア　日の入りのころ　　**イ**　午前２時ごろ

ウ　日の出のころ

□14 晴れた日に気温が最も高くなるのは何時ごろか。

□15 晴れた日は、気温が下がると湿度(しつど)はどのように変化するか。

□16 下図は、ある場所の気温と湿度の変化を表したグラフである。気温は**A**、**B**のどちらか。

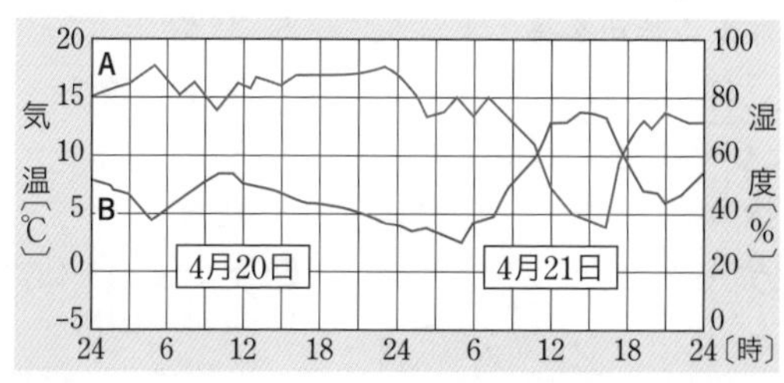

□17 図で、雨が降ったと考えられるのは４月何日か。

13 **ウ**

解説 晴れた日の夜は地面から熱が逃(に)げて、日の出のころ最も低くなる。

14 **午後２時ごろ**

15 **上がる**

16 **B**

17 **４月20日**

解説 一般(いっぱん)に、雨の日は一日中湿度が高く、気温や湿度の変化が小さい。

思考力アップ！

Q 湿度は、乾湿計(かんしつけい)の乾球および湿球の示す温度と、右の乾湿計用湿度表を用いて求めることができる。気温 13.0 ℃、湿度 45 %のとき、乾球と湿球の示す温度はそれぞれ何℃ですか。　［愛知－改］

A 乾球 **13.0 ℃**　　湿球 **8.0 ℃**

解説 乾球の温度は気温と同じなので、13.0 ℃。湿度 45 %より、表の乾球の温度 13 ℃の行から、乾球と湿球の温度の差が 5.0 ℃とわかる。湿球の温度は乾球の温度よりも高くならないので、13.0−5.0＝8.0(℃)。

乾球の温度〔℃〕	乾球と湿球の温度の差〔℃〕					
	2.5	3.0	3.5	4.0	4.5	5.0
19	76	72	67	63	59	54
18	75	71	66	62	57	53
17	75	70	65	61	56	51
16	74	69	64	59	55	50
15	73	68	63	58	53	48
14	72	67	62	57	51	46
13	71	66	60	55	50	45
12	70	65	59	53	48	43
11	69	63	57	52	46	40
10	68	62	56	50	44	38
9	67	60	54	48	42	36
8	65	59	52	46	39	33
7	64	57	50	43	37	30
6	62	55	48	41	34	27
5	61	53	46	38	31	24
4	59	51	43	35	28	20

2 空気の圧力

中2　重要度

圧力

□1 面を垂直に押す単位面積(例えば1 m^2)あたりの力の大きさを何というか。

1 圧力

□2 1の単位に用いる「パスカル」を記号で表せ。

2 Pa

□3 1の単位には「パスカル」以外にどのようなものが用いられるか。

3 N/m^2、N/cm^2

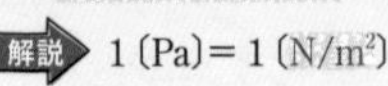

解説 1〔Pa〕=1〔N/m^2〕

□4 1 Paは1 m^2 の面に何Nの力が加わるときの圧力の大きさか。

4 1 N

□5 次の式の①、②にあてはまる語句を答えよ。

$$\text{圧力〔Pa〕}=\frac{\text{面を垂直に押す(　①　)〔N〕}}{\text{力がはたらく(　②　)〔}m^2\text{〕}}$$

5 ① 力　② 面積

□6 1200 gの直方体の物体を、机の上に右図のような向きで置いた。このとき、この物体が机の面を押す力は何Nか。ただし、100 gの物体にはたらく重力の大きさを1 Nとして答えよ。

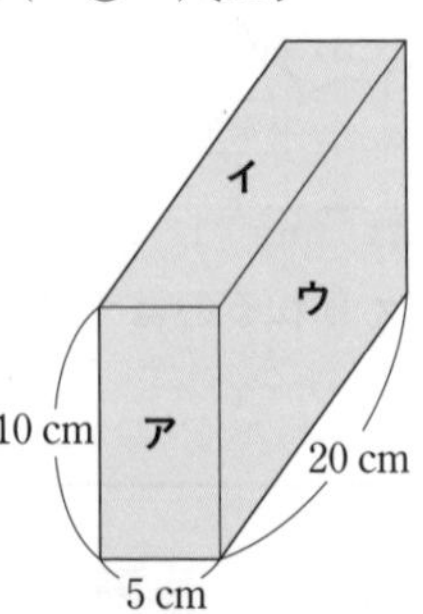

6 12 N

解説 100 gで1 Nなので、1200÷100=12〔N〕

□7 6のとき、机の面が受ける圧力は何Paか。

7 1200 Pa

解説 力がはたらく面積は、20×5=100〔cm^2〕
100〔cm^2〕=0.01〔m^2〕
12〔N〕÷0.01〔m^2〕=1200〔Pa〕

□8 7の場合より物体が机の面を押す圧力を小さくするには、図の**ア**～**ウ**の面のうち、どの面を机に接するように置けばよいか。

8 ウ(の面)

解説 机に接する面積を大きくする。

□9 8のとき、机の面が受ける圧力は何Paか。

9 600 Pa

□10 次の文の①、②にあてはまる語句を答えよ。

雪の上に立つとき、靴(くつ)をはくと足が雪に沈(しず)んだが、スキー板をはくと沈まなかった。これは、雪を押しつける(　①　)が大きくなったことで、(　②　)が小さくなったからである。

10 ① 面積　② 圧力

空気の圧力

□11 地球をとりまく気体を何というか。

□12 空気には重さがあるか。

★□13 大気の重さにより生じる圧力を何というか。

□14 海面と同じ高さでの13の大きさを1気圧という。1気圧をhPaで表すと約何hPaになるか。

□15 1hPaは何Paか。

□16 標高が高いほど、大気圧は大きくなるか、小さくなるか。

□17 大気圧がはたらくのはどの向きか。

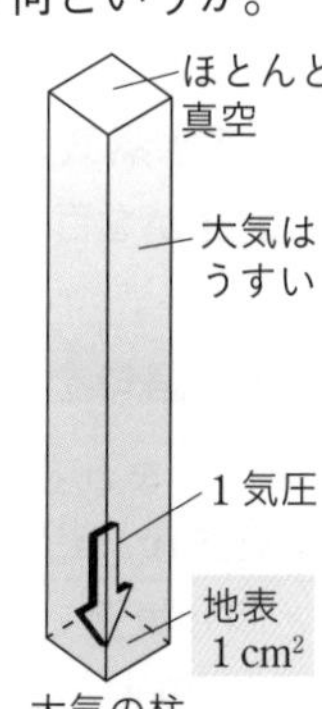

11 **大気**

12 **ある**

13 **大気圧(気圧)**

14 **1013 hPa**

15 **100 Pa**

16 **小さくなる**

解説 標高が高いほど、その上にある空気の量は減るので、気圧は小さくなる。

17 **すべての向き**

思考力アップ！

Q 図のように、1辺の長さが6 cmの正方形に切りとったプラスチック板をスポンジの上に置き、水を入れてふたをしたペットボトルを逆さまにして立てると、スポンジが沈(しず)んだ。このとき、正方形のプラスチック板と、水を入れてふたをしたペットボトルの質量の合計は360 gであった。これについて、次の問いに答えなさい。ただし、100 gの物体にはたらく重力の大きさを1 Nとする。また、1 Pa＝1 N/m^{2}である。 ［岐阜―改］

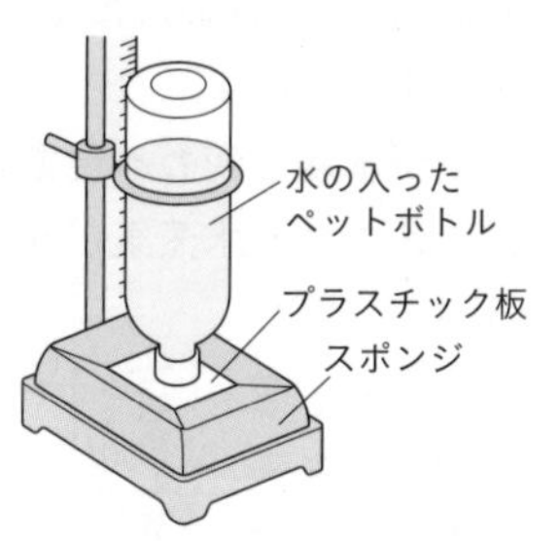

(1) プラスチック板からスポンジの表面が受ける圧力は何Paか。

(2) プラスチック板を1辺の長さが半分の正方形にしたとき、プラスチック板からスポンジの表面が受ける圧力は約何倍になるか。

A (1) **1000 Pa**　(2) **約4倍**

解説 (1) 正方形のプラスチック板の面積は36 cm^2＝0.0036 m^{2}なので、プラスチック板からスポンジの表面が受ける圧力は、3.6〔N〕÷0.0036〔m^2〕＝1000〔Pa〕である。

(2) プラスチック板の1辺の長さを半分にすると、面積が$\frac{1}{4}$倍になるので、圧力は4倍になる。

月　日

3 霧や雲のでき方

中2　重要度

空気中の水蒸気の変化

□ 1 空気 1 m^3 中に含(ふく)むことができる限度の水蒸気の質量を何というか。

1 飽和水蒸気量(ほうわすいじょうきりょう)

□ 2 空気 1 m^3 中に含まれている水蒸気の質量が、1に対してどのくらいの割合かを百分率で表したものを何というか。

2 湿度(しつど)

□ 3 次の式の①、②にあてはまる語句を答えよ。

$$湿度〔\%〕=\frac{空気1\,m^3中に含まれる(\ ①\ )の質量〔g/m^3〕}{その空気と同じ気温での(\ ②\ )〔g/m^3〕}\times 100$$

3 ① 水蒸気　② 飽和水蒸気量

□ 4 空気 1 m^3 中に含まれる水蒸気の質量が 8.4 g で、その空気と同じ気温での飽和水蒸気量が 20.6 g/m^3 のときの湿度を、四捨五入して小数第1位まで求めよ。

4 40.8 %

解説 $\frac{8.4}{20.6}\times 100=40.77\cdots$

□ 5 水蒸気が水滴(すいてき)に変わる現象を何というか。

5 凝結(ぎょうけつ)

□ 6 空気に含まれる水蒸気が 5 を始める温度を何というか。

6 露点(ろてん)

□ 7 気温と飽和水蒸気量の関係を表した右図で、気温が 22 ℃のときの飽和水蒸気量は何 g/m^3 か。

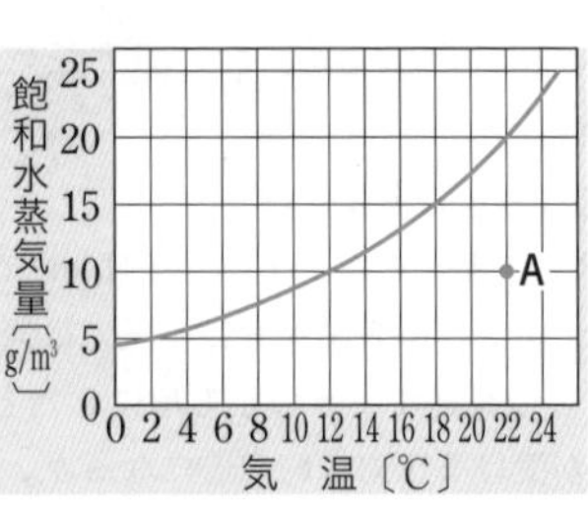

7 20 g/m^3

□ 8 上図で、気温が 22 ℃で、1 m^3 中に 10.0 g の水蒸気を含んでいる空気Aを冷やしていったとき、何℃になると水滴ができ始めるか。

8 12 ℃

解説 湿度が 100 %になると、水滴ができ始める。

□ 9 上図で、空気Aの温度を 18 ℃まで下げると、湿度は高くなるか、低くなるか。

9 高くなる

解説 曲線に近づくほど湿度は高くなる。

雲と霧のでき方

□10 雲のでき方を模式的に表した右図で、上昇(じょうしょう)していく空気のかたまりaは、上昇していくにつれて収縮するか、膨張(ぼうちょう)するか。

□11 空気のかたまりが10のようになるのは、上空になるにつれて気圧がどのようになるためか。

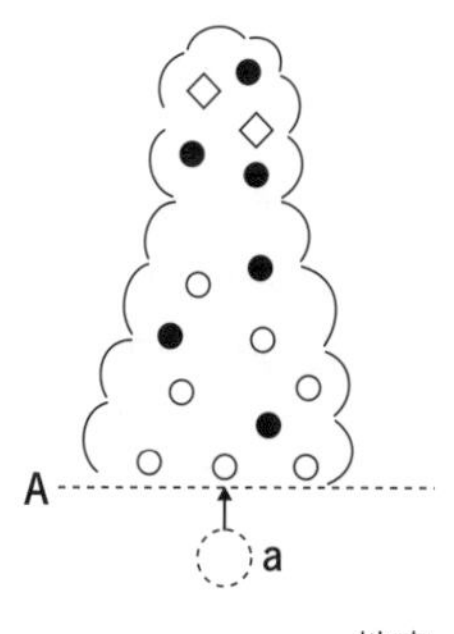

□12 空気の温度は、上昇するにつれてどうなるか。

□13 上図で、上昇した空気のかたまりaがAの高さになると、水滴(すいてき)ができ、雲ができ始める。このときの空気の温度を何というか。

□14 上図で、○と●はそれぞれ何を表しているか。

□15 空気が上昇せずに冷やされると、地表付近で、水蒸気が水滴に変わって空気中にただよう。これを何というか。

10 膨張する

11 低くなる

12 下がる

解説 空気が膨張することで温度が下がる。

13 露(ろ)点(てん)

14 ○ 水蒸気

● 水滴

解説 ◇は氷の粒(つぶ)。

15 霧(きり)

記述力アップ!

Q 冬のある日、はいた息が白く見えたことに疑問を感じ、ペットボトルを使って次の実験を行った。

〔実験〕乾(かわ)いたペットボトルに、十分に息を吹(ふ)きこんで密閉した。その後、図のように、氷水を入れたビーカーの中にペットボトルを入れて、しばらく冷やした。

実験の結果、ペットボトルの冷やされた部分の内側が、細かい水滴で白くくもって見えた。この実験をふまえて、はいた息が白く見えた理由を、「露点」「水蒸気」という言葉をすべて使って簡単に答えなさい。 〔富山〕

A **はいた息の温度が露点よりも下がり、息の中の水蒸気が水滴に変わったから。**

解説 はいた息は水蒸気を多く含(ふく)んでいる。水蒸気は目に見えないが、気温が露点よりも低いと、水蒸気が冷やされて水滴になり、白くくもって見えるようになる。

4 気圧と風

中2　重要度

気圧と風

□ 1 同一時刻に観測した、気圧の値の等しい地点をなめらかに結んだ曲線を何というか。

★□ 2 1で囲まれた、周囲より気圧が低い部分を何というか。

★□ 3 1で囲まれた、周囲より気圧が高い部分を何というか。

□ 4 地表の一部が強く熱せられたときなどに生じる上昇(じょうしょう)する空気の流れを何というか。

□ 5 4とは逆に、上から下へ移動する空気の流れを何というか。

□ 6 風の吹(ふ)く向きは、気圧の高いところから低いところか、低いところから高いところか。

★□ 7 高気圧の垂直方向の大気の動きを表したものを、次の**ア**～**エ**から選べ。

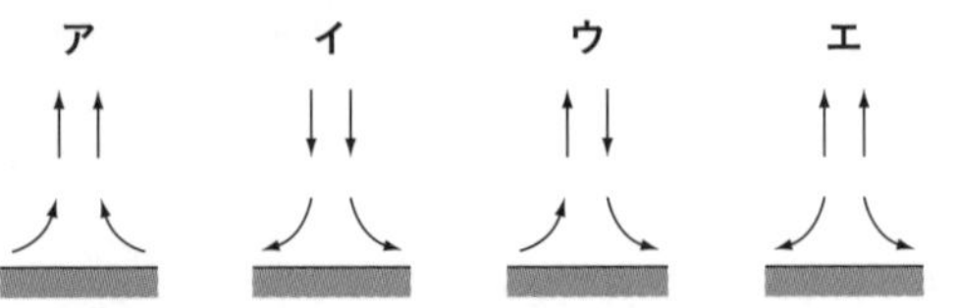

★□ 8 高気圧と低気圧の地表付近での風の吹き方を表したものを、次の**ア**～**エ**からそれぞれ選べ。

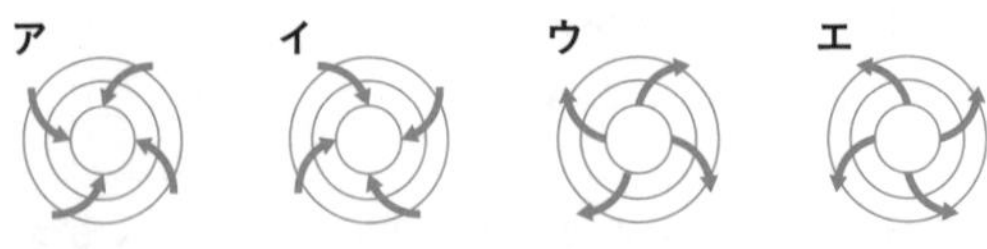

□ 9 雲ができやすいのは、高気圧と低気圧のどちらの付近か。

□ 10 日中、陸上の温度が海上よりも高くなるため、陸上で上昇気流が生じて気圧が低くなり、海から陸に向かって風が吹く。この風を何というか。

---

1 **等圧線**

2 **低気圧**

3 **高気圧**

4 **上昇気流**

5 **下降気流**

6 **高いところから低いところ**

7 **イ**

解説 高気圧の中心部分は下降気流となる。

8 高気圧 **ウ**
低気圧 **ア**

解説 高気圧は時計回りに風が吹き出し、低気圧は反時計回りに風が吹きこむ。

9 **低気圧**

解説 低気圧の中心部では上昇気流となるので、雲ができやすい。

10 **海風**

解説 夜間、海上の温度が陸上よりも高くなり、海上で上昇気流が生じて気圧が低くなることで、陸から海に向かって吹く風を陸風という。

天気図と風

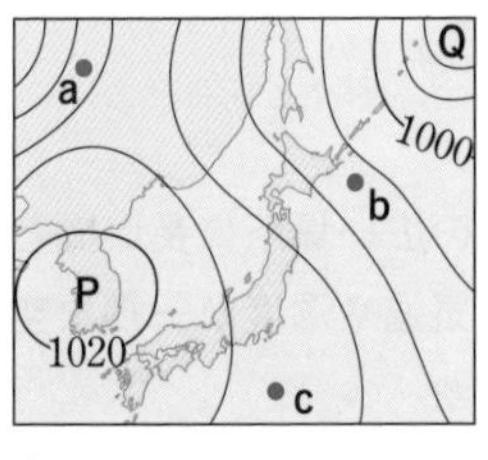

□11 右図のような、各地の観測所で同時刻に観測された気象要素を、地図上に決められた記号で記入し、天気の分布を表現した図を何というか。

□12 図のa～c地点で風力が最も大きいのはどこか。

□13 図の等圧線は何 hPa ごとに引かれているか。

□14 図のb地点の気圧は約何 hPa か。

□15 図のP、Qは、それぞれ高気圧、低気圧のどちらか。

11 天気図

12 a地点

解説 等圧線の間隔(かんかく)が狭(せま)い地点ほど、風が強い。

13 4 hPa

14 約1006 hPa

15 P 高気圧

Q 低気圧

生物 地学 化学 物理

思考力アップ！

Q 北半球の低気圧の中心付近では、周辺から低気圧の中心に向かって、反時計回りにうずをえがくように風が吹(ふ)きこむ。下図は、ある年の9月に発生したある台風(熱帯地方の海上で発生した低気圧が発達したもの)の進路を模式的に表したものである。図中の○は、9月29日9時から9月30日6時までの、3時間ごとのこの台風の中心の位置を表している。表は、日本のある地点において、9月29日9時から9月30日6時までの気圧と風向を観測したデータをまとめたものである。図中に●で示したア～エのうち、この観測を行った地点だと考えられるのはどこか、選びなさい。

［香川］

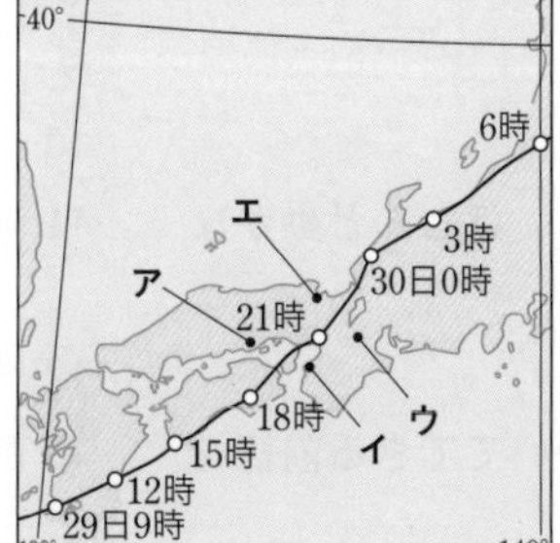

日時		気圧 (hPa)	風向
9月29日	9時	1009.6	東北東
	12時	1005.6	東北東
	15時	1001.1	北東
	18時	997.5	北
	21時	1002.4	西
9月30日	0時	1007.3	西
	3時	1009.8	西北西
	6時	1013.0	西

A ア

解説 台風が近づく前の風向は東北東だが、観測地点の南に台風が近づくと風向は北向きに変わり、気圧が最も低くなる。台風が通り過ぎると風向は西向きになる。よって、表から、観測地点は18時ごろに台風が通過したとわかる。

気団と前線

中2　重要度

月　日

気団と前線

□ 1 空気が大陸や海洋などの広い場所に長い間とどまっているとできる、気温や湿度が一様な空気のかたまりを何というか。

□ 2 寒気に覆われ、周囲より冷たい1を何というか。

□ 3 あたたかい空気と冷たい空気との間にできた境の面を何というか。

□ 4 3が地表面と交わるところを何というか。

□ 5 寒気が暖気の下にもぐりこみ、暖気を押し上げながら進んでいく4を何というか。

□ 6 暖気が寒気の上にはい上がり、寒気を押しやりながら進んでいく4を何というか。

□ 7 右図は前線の断面を表し、矢印は前線の進む向きを表している。寒冷前線の断面はどれか。

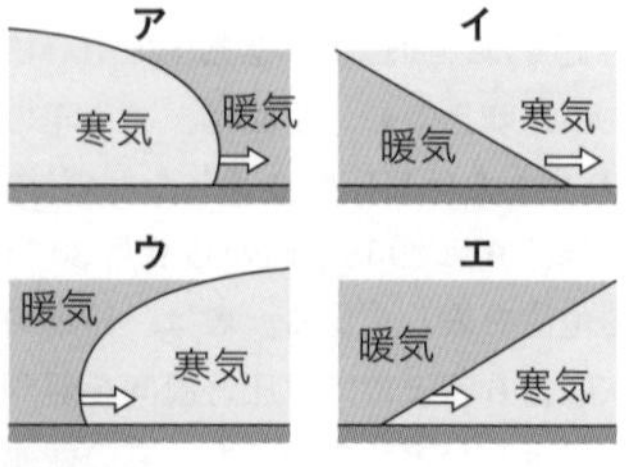

□ 8 図で、温暖前線の断面はどれか。

□ 9 寒冷前線を表す記号をかけ。

□ 10 温暖前線を表す記号をかけ。

□ 11 寒気と暖気がぶつかり合って、ほとんど動かない前線を何というか。

□ 12 11の前線を表す記号をかけ。

□ 13 寒冷前線が温暖前線に追いついてできる前線を何というか。

□ 14 中緯度の温帯地方の前線上に発生し、前線をともなって西から東へと移動する低気圧を何というか。

1 気 団

解説 海洋にある気団は湿っていて、大陸にある気団は乾燥している。

2 寒気団

解説 暖気に覆われ、周囲よりあたたかい気団を暖気団という。

3 前線面

4 前 線

5 寒冷前線

6 温暖前線

7 ア

8 エ

9

10

11 停滞前線

12

13 閉塞前線

14 温帯低気圧

前線と天気の変化

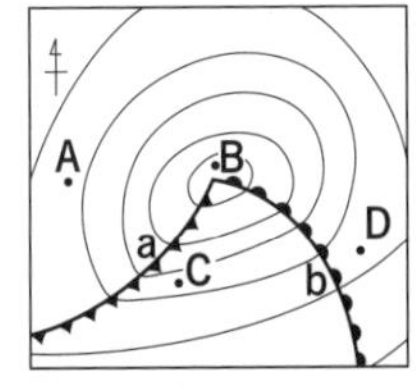

□15 右図は、日本列島付近の天気図の一部を示したものである。a、bはそれぞれ何という前線か。

□16 図に表されているのは、高気圧か、低気圧か。

★□17 A～Dの地点で、最も気温が高いと考えられるのはどこか。

★□18 A～Dの地点で、やがて強い雨が降り出すと思われる地点はどこか。

□19 aの前線付近では、何という雲が発達するか。

★□20 A～Dの地点で、やがて気温が上がると思われる地点はどこか。

★□21 あまり強くない雨が、広い範囲(はんい)に長い時間降り続くのは、寒冷前線と温暖前線のどちらか。

★□22 A地点の、およその風向を答えよ。

15 a 寒冷前線
b 温暖前線

16 低気圧

17 C

解説 暖気に覆(おお)われているのは、Cの地点である。

18 C

解説 寒冷前線の特徴(とくちょう)である。

19 積乱雲

20 D

21 温暖前線

22 北西

思考力アップ！

Q 図のA、B、Cは6時間ごとの天気図である。表は、図の地点■の1時間ごとの気象データをまとめたものであり、天気図がBになるときの時刻における気象データが含(ふく)まれている。天気図がBになるときの時刻は、17時、19時、21時、23時のどれですか。［山口］

A

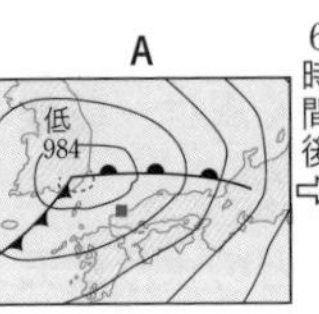

6時間後⇨

B

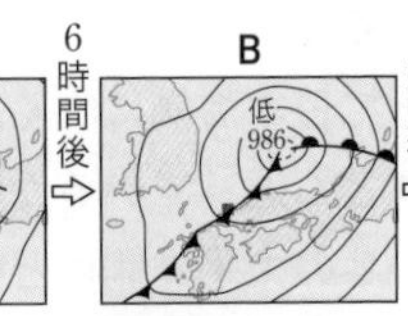

6時間後⇨

C

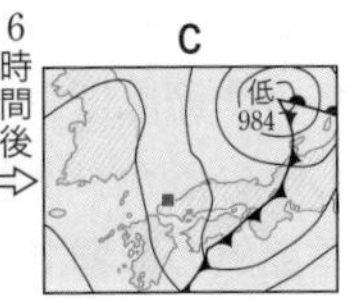

時刻(時)	気温(℃)	気圧(hPa)	風　向
13	19.0	1000.9	南南東
14	19.2	998.4	南東
15	19.4	996.5	南南東
16	19.1	996.8	南
17	18.8	994.9	南南東
18	19.0	994.6	南南東
19	19.4	994.2	南南東
20	19.5	993.9	南
21	15.3	995.8	北西
22	14.6	997.8	北西
23	14.0	998.5	北北西
24	13.8	999.0	北北西

A 21時

解説 Bは寒冷前線が通過した直後で、気温が急激に下がる。また、等圧線を見ると、地点■の気圧は約996 hPaなので、表から、21時であることがわかる。

6 日本の天気

中2　重要度

大気の動き

★□ 1 日本列島付近の上空には、西から東へ向かう大気の動きによる風が吹いている。この風を何というか。

1 偏西風

□ 2 大陸と海のあたたまり方の違いによって生じる、季節に特徴的な風を何というか。

2 季節風

冬と春・秋の天気

★□ 3 右の天気図は、日本の冬によく見られる気圧配置である。この気圧配置を何というか。

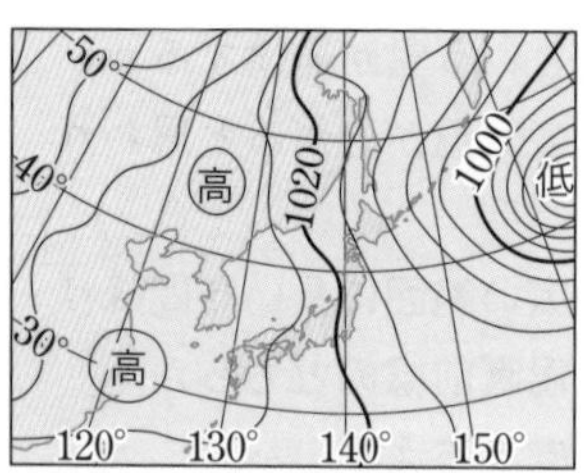

3 西高東低

★□ 4 冬の時期に西の大陸で発達する高気圧を何というか。

4 シベリア高気圧

解説 シベリア高気圧の中心付近にシベリア気団ができる。

★□ 5 3の気圧配置になると、日本列島にはどんな風向きの季節風が吹くか。

5 北西

□ 6 冬の季節風によって日本海側に吹く風は、乾燥しているか、それとも湿っているか。

6 湿っている

□ 7 季節風の影響で、冬の太平洋側はどのような天気になることが多いか。

7 晴れ（晴天の日が続く）

□ 8 春と秋に日本列島付近を次々と西から東へ通り過ぎる高気圧を何というか。

8 移動性高気圧

解説 春と秋は、同じ天気が長く続かない。

★□ 9 春の終わりから夏の初め、夏の終わりから秋の初めにかけて、オホーツク海、三陸沖付近で発達する、冷たくて湿った気団を何というか。

9 オホーツク海気団

□ 10 秋の初め、北の9が南下し、南の小笠原気団と勢力がつり合った境にできる停滞前線を何というか。

10 秋雨前線

つゆ・台風と夏の天気

□11 初夏のころ、日本列島付近では右の天気図のような停滞前線ができて、雨やくもりの日が多くなる。この時期を何というか。

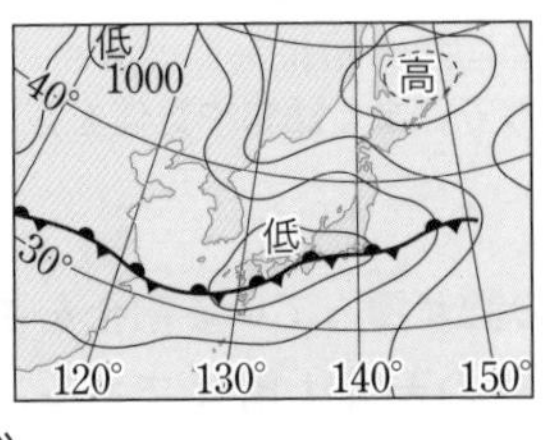

11 つゆ(梅雨)

解説 南のあたたかく湿った気団と北の湿った気団の間に停滞前線ができる。

★□12 11の時期に日本列島付近にできる停滞前線を何というか。

12 梅雨前線

□13 日本の夏は高温多湿で晴れる日が多い。これは、おもに何という高気圧によってもたらされるか。

13 太平洋高気圧

★□14 夏に日本列島を覆う、あたたかく湿った気団を何というか。

14 小笠原気団

★□15 夏から秋にかけて日本列島にやってくる、熱帯低気圧が発達したものを何というか。

15 台　風

解説 最大風速が秒速17.2 m 以上の熱帯低気圧を台風という。

□16 15の中心部をとりまいているたくさんの雲は、何という雲か。

16 積乱雲

思考力アップ!

Q 日本には、季節の変化があり、それぞれの時期において典型的な気圧配置が見られる。次の**ア**～**エ**は、つゆ(6月)、夏(8月)、秋(11月)、冬(2月)のいずれかの典型的な気圧配置を表した天気図である。つゆ、夏、秋、冬の順に記号を並べなさい。 [東京 '21]

ア

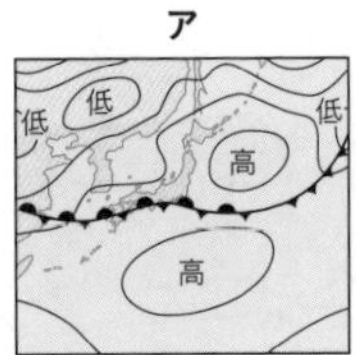

イ

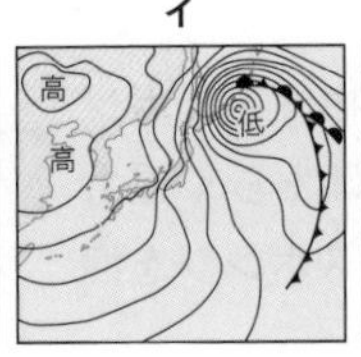

ウ

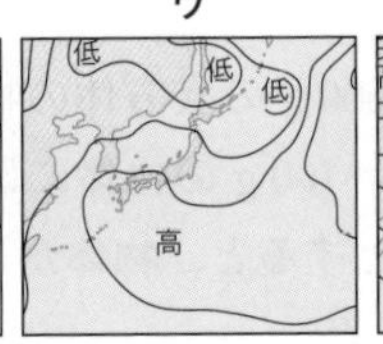

エ

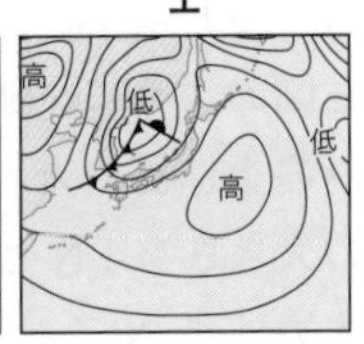

A **ア、ウ、エ、イ**

解説 **ア**の海上の2つの高気圧に挟まれた停滞前線はつゆの特徴、**イ**の西高東低の気圧配置は冬の特徴、**ウ**の南高北低の気圧配置は夏の特徴である。

月　日

地学 図表でチェック ❷

中2

問題 図を見て、＿＿にあてはまる語句や数値を答えなさい。

1 天気図記号

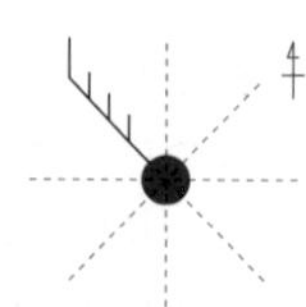

□(1) 全天を10としたときの雲が覆っている割合を **雲量** といい、その割合が3のときの天気は **晴れ** である。

□(2) 右図が表す天気は **雨**、風向は **北西**、風力は **4** である。

2 飽和水蒸気量と湿度

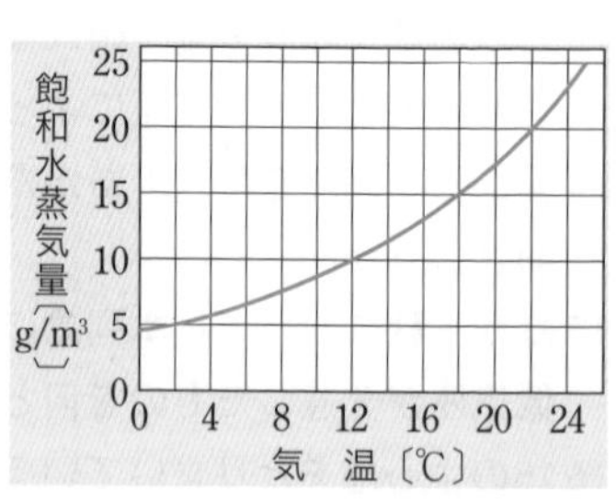

□(1) 気温と飽和水蒸気量との関係を表した右のグラフで、気温22℃の飽和水蒸気量は **20** g/m³ である。

□(2) 気温22℃、湿度50％の空気1 m³中に含まれている水蒸気の質量は、

$$20 \times \frac{50}{100} = 10 \text{〔g〕}$$

□(3) (2)の空気を冷やしていったとき、**12** ℃になると水滴ができ始める。この水滴ができ始める温度を **露点** という。

□(4) (2)の空気を2℃まで冷やすと、空気1 m³あたり約 **5** gの水滴ができる。

□(5) 上のグラフで、気温22℃の空気1 m³中に含まれる水蒸気の質量が16 gのときの湿度は、$\frac{16}{20} \times 100 = 80$〔％〕

3 圧　力

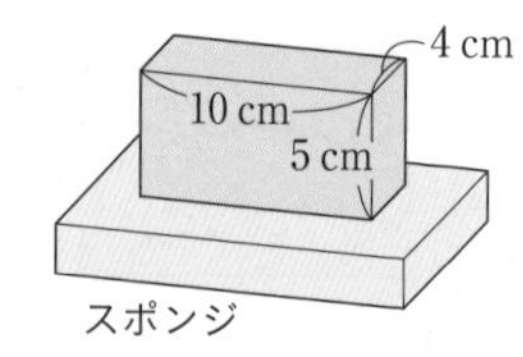

□(1) 右図のように、500 gの直方体の物体をスポンジの上に置いた。100 gの物体にはたらく重力の大きさを1 Nとすると、物体がスポンジを押す力は **5** Nである。

□(2) スポンジと物体が接する面の面積は、**40** cm² = **0.004** m² なので、スポンジにはたらく圧力は、**5**〔N〕÷ **0.004**〔m²〕= **1250**〔Pa〕

4 気圧と風

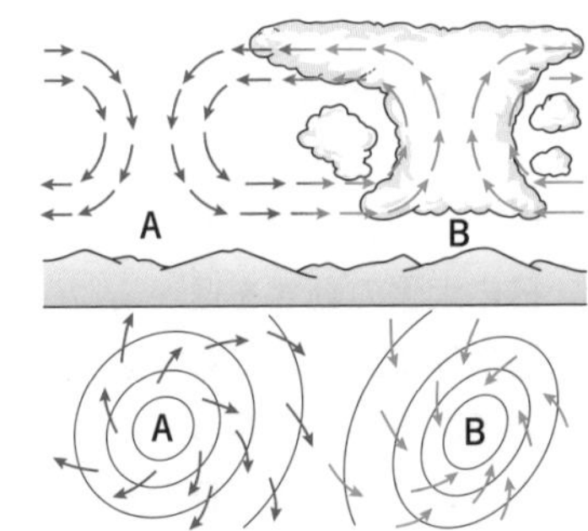

□(1) 図のAは、周囲より気圧が高いところを示しており、これを **高気圧** という。

□(2) 図のAの地表付近では、中心から **時計** 回りに風が **吹き出す** 。Aの上空では **下降気流** が発生し、雲ができにくいため、晴れることが多い。

□(3) 図のBは、周囲より気圧が低いところを示しており、これを **低気圧** という。

□(4) 図のBの地表付近では、中心に **反時計** 回りに風が **吹きこむ** 。Bの上空では **上昇気流** が発生し、雲ができやすいため、くもりや雨になりやすい。

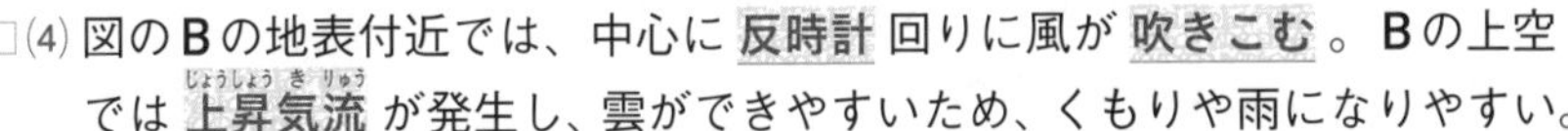

5 前線と天気の変化

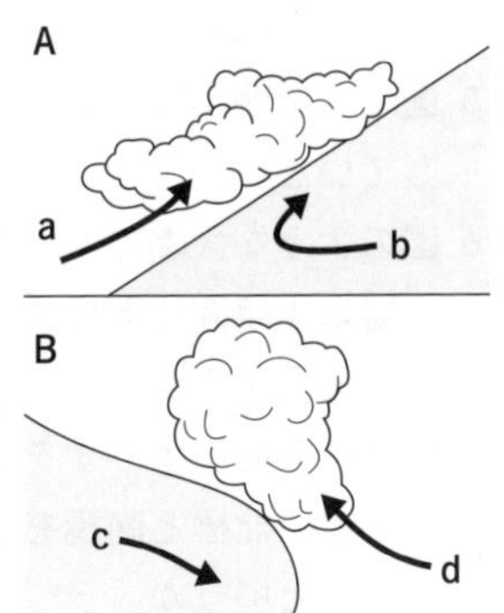

□(1) 左から右へ移動する前線の断面を表した右図で、Aの前線は **温暖前線** 、Bの前線は **寒冷前線** である。

□(2) 図のa～dで、寒気を表しているのは **b** と **c** 、暖気を表しているのは **a** と **d** である。

□(3) Aの前線付近では **乱層雲** などの雲が発達し、あまり強くない雨が **長い** 時間降り続く。通過後は気温が **上がる** 。

□(4) Bの前線付近では **積乱雲** などの雲が発達し、強い雨が **短い** 時間降る。通過後は気温が **下がる** 。

6 日本の春と秋の天気

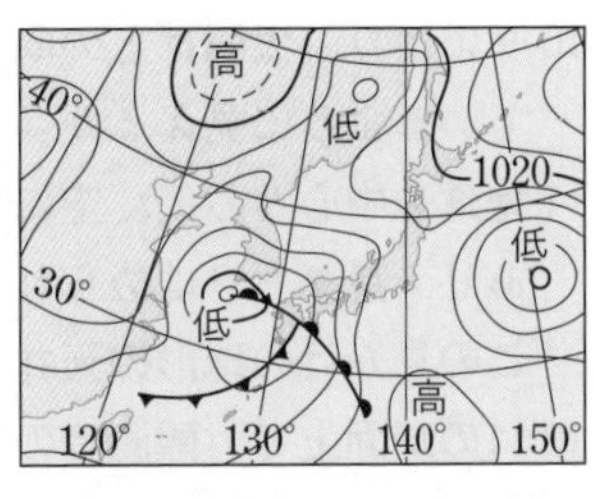

□(1) 右図は、春によく見られる天気図である。春と秋は、**低気圧** と高気圧が日本列島付近を次々に通り過ぎることが多く、4～6日くらいの周期で **天気** が変わる。

□(2) 春と秋によく見られる、このような移動する高気圧を **移動性高気圧** という。

月　　日

1 天体の日周運動と自転

中3　重要度

太陽の１日の動き

★□1 右図は、日本のある場所で、ある晴れた日に太陽の動きを透(とう)明(めい)半球に記録したものである。東を表しているのは、A～Dのどの点か。

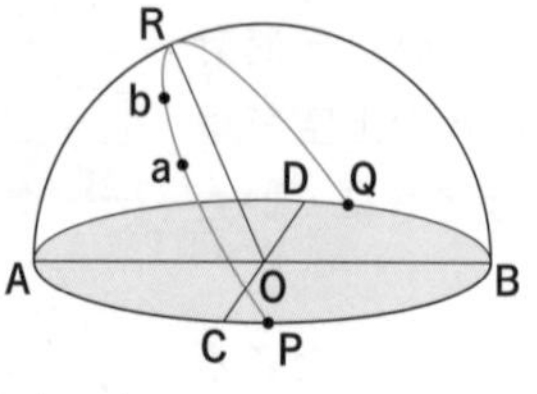

1 C

□2 図で、太陽の位置を表しているaとbでは、どちらが先に記録されたものか。

2 a

★□3 太陽の１日の動きの中で、真南の空で高度が最も高くなることを何というか。

3 (太陽の)南中

★□4 図で、∠ROAは何を表しているか。

4 南中高度

□5 図で、透明半球のふちにつけたQの点は何を表しているか。

5 日の入りの太陽の位置

★□6 図のような太陽の１日の動きを何というか。

6 (太陽の)日周運動

□7 太陽は１時間に何度ずつの割合で移動しているように見えるか。

7 15°

解説 １日(24時間)で１回転(360°)している。

★□8 地球の自転のようすを表した右図で、北極と南極を結ぶ線aを何というか。

8 地(ち)軸(じく)

★□9 地球は8を中心に西から東へ回転している。この回転を地球の何というか。

9 自転

解説 地球は地軸(北極と南極を結ぶ線)を中心に１日１回転している。

□10 9により、太陽はどの向きからどの向きに動いているように見えるか。

10 東から西

□11 地球を中心として、空には大きな球形の天井(てんじょう)があり、星がちりばめられているように見える。この見かけの球形の天井を何というか。

11 天球

□12 11の球面上で、観測者の真上の点を何というか。

12 天頂

星の1日の動き

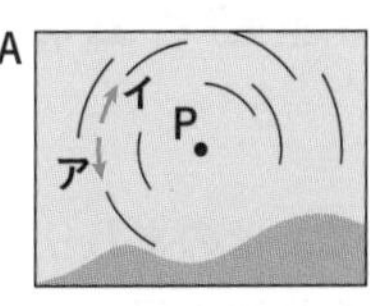

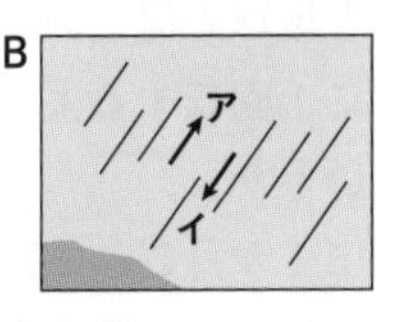

□13 右図は、日本のある場所での星の動きを表している。図Aは、東、西、南、北のどの方角の星の動きか。

★□14 図Aの星の回転の中心にある星Pを何というか。

★□15 図Aの星は、時間がたつにつれて、**ア**、**イ**のどちらの向きに動いていくか。

□16 図Bは東、西、南、北のどの空の星の動きか。

★□17 図Bの星は、時間がたつにつれて、**ア**、**イ**のどちらの向きに動いていくか。

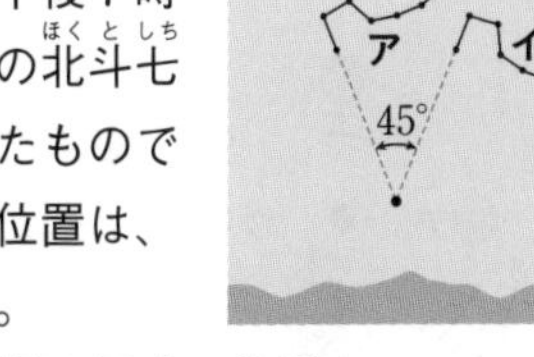

□18 右図は、ある日の午後7時と、何時間かあとの北斗七星の位置を記録したものである。午後7時の位置は、**ア**、**イ**のどちらか。

★□19 図で、2回目の記録は何時の位置か。

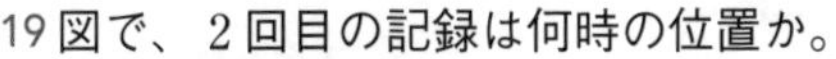

13 **北**

14 **北極星**

15 **ア**

16 **東**

17 **ア**

18 **イ**

19 **午後10時**

解説 24時間で360°回転するので、1時間で15°、3時間で45°回転する。

思考力アップ！

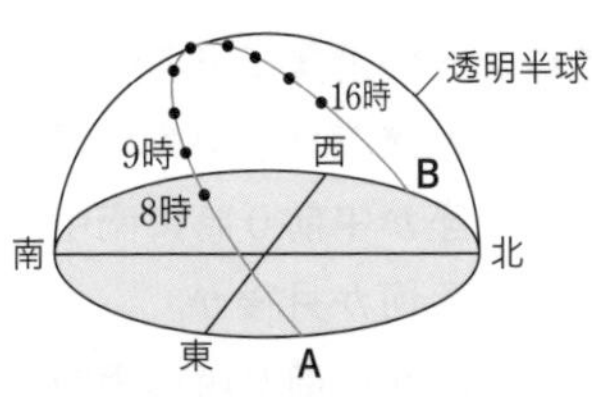

Q 右図は、ある日の太陽の位置を8時から16時まで、透明半球上に1時間ごとに•で記録し、なめらかな曲線で結んだものである。図のA、Bは、曲線を延長して透明半球のふちと交わる点を示したもので、AとBを結んだ透明半球上の曲線の長さは30.2 cm、1時間ごとの曲線の長さはすべて2.0 cmであった。また、この日の日の入りの時刻は、19時12分であった。この日の日の出の時刻は何時何分か、求めなさい。ただし、太陽の位置がAのときの時刻を日の出、Bのときの時刻を日の入りの時刻とする。 ［青森］

A **4時6分**

解説 30.2÷2＝15.1なので、太陽が出ていた時間は15時間6分。よって、日の出の時刻は、19時12分－15時6分＝4時6分 である。

月　日

2 天体の年周運動と公転

中3　重要度

天体の1年の動き

★ □ 1 地球は太陽を中心として、そのまわりを1年の周期で回転する。これを地球の何というか。

★ □ 2 天球上の天体が、1年に1回転するように見える見かけの運動を何というか。

□ 3 同じ星座を、同じ時刻に1か月ごとに観察すると、見える位置はどの向きからどの向きに移動して見えるか。

□ 4 同じ時刻に見える星座の位置は、1か月に約何度移動して見えるか。

★ □ 5 右図は、太陽のまわりを公転する地球と、それをとりまく4つの星座を示したものである。ある日の午前0時に、おうし座が南中していた。このときの地球の位置は**ア**～**エ**のどこか。

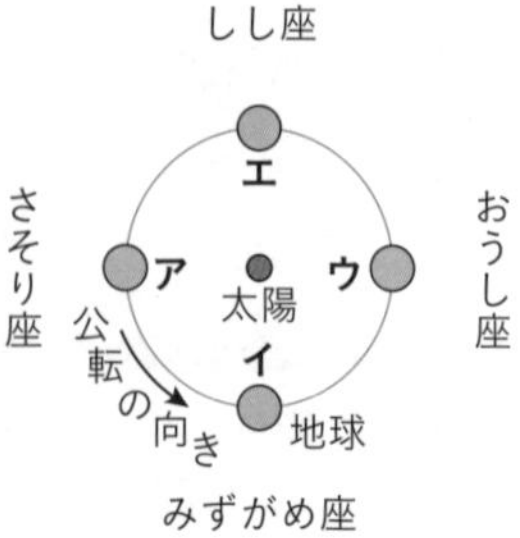

しし座
さそり座
おうし座
みずがめ座
エ
ア
ウ
イ
太陽
地球
公転の向き

★ □ 6 地球が5の位置にあるとき、図の星座のうち、見ることができないのは何座か。

□ 7 さそり座が午前0時に南中するのは、5の日からおよそ何か月後か。

★ □ 8 さそり座が午前0時に南中したとき、図の星座のうち、東の空に見えているのは何座か。

□ 9 8の星座が午前0時に南中するのは、さそり座が午前0時に南中した日からおよそ何か月後か。

□ 10 天球上の太陽の通り道を何というか。

□ 11 10に沿って見られる、おもな12の星座のことを何というか。

---

1 **公転**

2 **年周運動**

3 **東から西**

解説 星座が南中する時刻は、1日で約4分早くなる。そのため、同じ時刻に観察すると、星座は西に移動して見える。

4 **30°**

解説 360÷12＝30

5 **ウ**

解説 地球から見て太陽と反対の方向にある星座が真夜中に南中する。

6 **さそり座**

解説 地球から見て太陽の方向にある星座は、太陽と同時に東の空からのぼり西に沈む（しず）ので、見ることができない。

7 **6か月後**

解説 180÷30＝6

8 **みずがめ座**

9 **3か月後**

解説 90÷30＝3

10 **黄道（こうどう）**

11 **黄道12星座**

季節の変化

□12 日本で、太陽の南中高度が最も高くなるのは何の日か。

12 夏至(げし)

□13 日本で、昼の長さが最も短くなるのは何の日か。

13 冬至

□14 日本で、昼と夜の長さがほぼ同じになるのは何の日と何の日か。

14 春分、秋分

★□15 右図は、太陽のまわりを公転している地球の四季の位置を示したものである。地球の公転の向きは、a、bのどちらか。

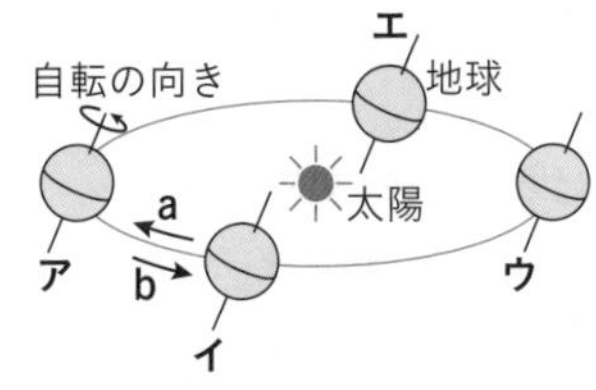

15 b

★□16 日本で太陽の南中高度が最も高くなるのは、地球が図の**ア**～**エ**のどの位置にあるときか。

16 ア

解説 アは夏至である。

★□17 日本で昼の長さが最も短くなるのは、地球が図の**ア**～**エ**のどの位置にあるときか。

17 ウ

解説 ウは冬至である。

★□18 日本が春になるのは、地球が図の**ア**～**エ**のどの位置にあるときか。

18 エ

解説 冬至と夏至の間。

思考力アップ！

Q ある日の23時に、日本のある地点で、**図1**のように、さそり座が南の空に見えた。**図2**は、太陽を中心とした地球の公転軌道(こうてんきどう)と、地球がA～Dのそれぞれの位置にあるときの、真夜中に南中する星座を模式的に表したものである。**図2**で、地球がA→B→C→D→Aの順に公転するとき、下線部の日の地球はどの区間にあるか、次の**ア**～**エ**から選びなさい。 ［愛媛一改］

図1

さそり座

地平線

南

ア　A→Bの区間　　**イ**　B→Cの区間

ウ　C→Dの区間　　**エ**　D→Aの区間

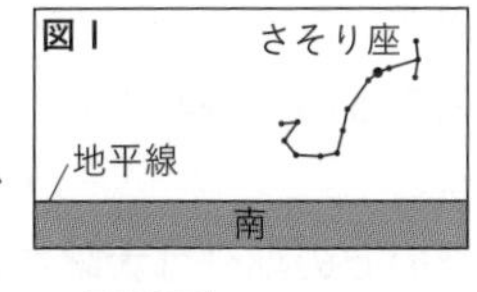

A ア

解説 地球がAにあるとき、さそり座は24時に南中する。**図1**では、23時にさそり座が真南よりやや西にあり、すでに南中を過ぎているので、地球はA→Bの区間にある。

月　日

3 太陽のつくり

中3　重要度

太陽の特徴

□ 1 太陽は、固体、液体、気体のうち、何でできている天体か。

★□ 2 太陽の表面に見られる、黒い斑点(はんてん)を何というか。

□ 3 太陽の表面に2の数が多いとき、太陽の活動は活発であるか、弱まっているか。

□ 4 次の文の①、②にあてはまる語句を答えよ。
　太陽の活動が活発なとき、地球上では(　①　)が発生したり、大規模な(　②　)が見られたりすることがある。

★□ 5 黒点の位置が動いているように見えるのは、太陽が何をしているためか。

□ 6 右図は、太陽の表面と内部のつくりを模式的に表したものである。太陽の表面から上がる炎(ほのお)のような形で出現するaの部分を何というか。

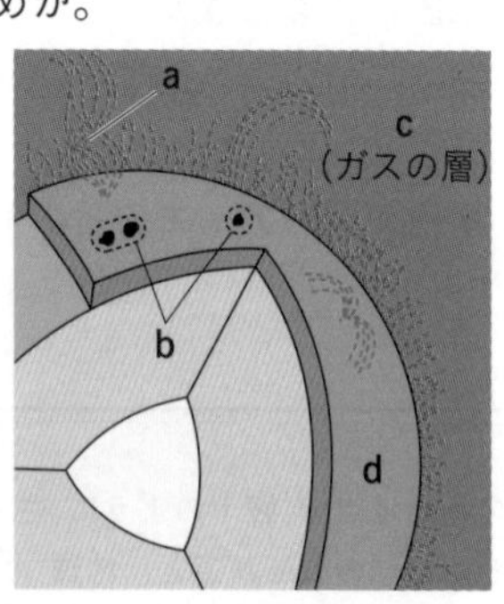

★□ 7 図のbの部分がまわりより黒く見えるのはなぜか。

□ 8 図のcの部分は太陽をとりまくガスの層である。何というか。

□ 9 図のb、dの温度はそれぞれおよそ何℃か、次のア～ウから選べ。
ア　4000℃　　**イ**　6000℃　　**ウ**　10000℃

□10 太陽の中心部の温度はおよそ何万℃か。

□11 太陽の直径は、地球の直径の約何倍か。

---

1 **気体**
解説 おもに水素とヘリウムのガスでできている。

2 **黒点**

3 **活発である**

4 ① **電波障害**
② **オーロラ**

5 **自転**

6 **プロミネンス**

7 **まわりに比べて温度が低いため**
解説 bの部分は黒点である。

8 **コロナ**
解説 コロナの温度は100万℃以上である。

9 b **ア**
d **イ**

10 **1600万℃**

11 **約109倍**

太陽の観察

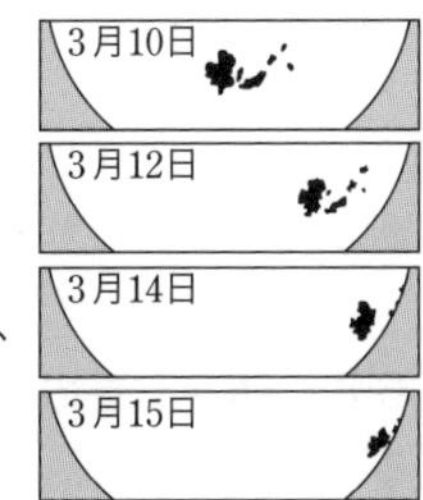

□12 右図は、天体望遠鏡を用いて太陽の黒点の動きを観察し、スケッチしたものである。黒点が黒く見えるのは、まわりより温度が高いからか、低いからか。

12 **低いから**

☆□13 黒点の動きの観察から、太陽の形が球形であることが推測できる。その手がかりとなるものを、次の**ア～ウ**から選べ。

ア 黒点は、毎日同じ向きに動いていく。

イ 黒点が太陽の周辺部でつぶれた形に見える。

ウ 黒点には、いろいろな大きさのものがある。

13 **イ**

□14 黒点の動きを観察することからわかる太陽の動きについて、次の文の①、②にあてはまる語句を**ア～エ**から選べ。

太陽は、約(①)日の周期で(②)している。

ア 15　**イ** 25　**ウ** 自転　**エ** 公転

14 ① **イ**
② **ウ**

解説 図から、太陽は6日で約$\frac{1}{4}$回転していることがわかる。

思考力アップ！

Q 太陽の黒点について調べるため、天体望遠鏡を使って太陽の表面を観察した。太陽の像を記録用紙の円の大きさに合わせて投影(とうえい)し、黒点の位置や形をスケッチしたところ、図のようになった。記録用紙の上で太陽の像は直径 10 cm、ある黒点はほぼ円形をしていて直径が 2 mm であったとき、この黒点の直径は地球の直径の何倍か、小数第 2 位を四捨五入して小数第 1 位まで答えなさい。ただし、太陽の直径は地球の直径の 109 倍とする。　［鹿児島］

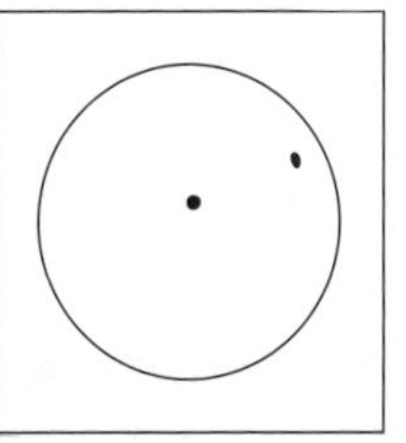

A **2.2 倍**

解説 黒点の直径は太陽の直径の、$2〔mm〕\div 100〔mm〕=\frac{1}{50}〔倍〕$。太陽の直径は、地球の直径の 109 倍なので、黒点の直径は地球の直径の、$109\times\frac{1}{50}=2.18〔倍〕$である。

月　日

4 月の運動と満ち欠け

中3　重要度

月の見え方と位置の変化

□ 1 月は地球のまわりを回転している。これを月の何というか。

□ 2 月は1日の中で、東から西、西から東のどちらの向きに移動して見えるか。

★□ 3 月を同じ時刻に観察すると、次の日に見える位置は、前の日の位置よりも東、西のどちらに見えるか。

□ 4 月の見かけの形の変化を何というか。

□ 5 太陽と同じ方向にあって、地球からはまったく観察することができない月を何というか。

□ 6 5の月から数えて約7日目の月で、地球の北半球から見て右半分が光って見える月を何というか。

★□ 7 右図は、北極の上空から見た地球と、そのまわりを公転している月の軌道（きどう）と、月の4つの位置を表したものである。月は、新月から満月になるまでに、およそ何日かかるか、次の**ア**～**エ**から選べ。

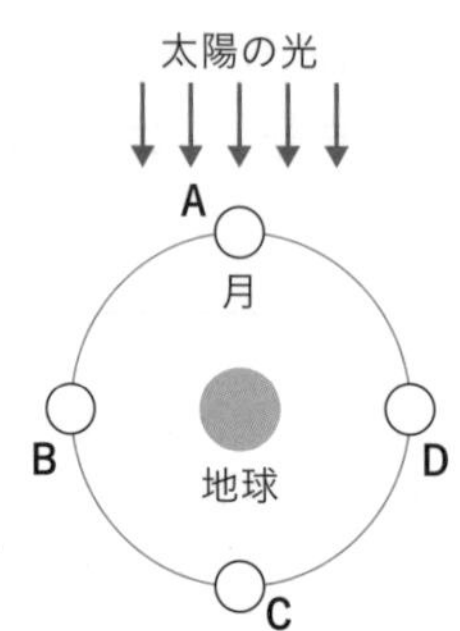

ア　3日　**イ**　7日　**ウ**　15日　**エ**　30日

★□ 8 月が図の**D**の位置にあるとき、日本で見た月の形はどうなるか、次の**ア**～**オ**から選べ。

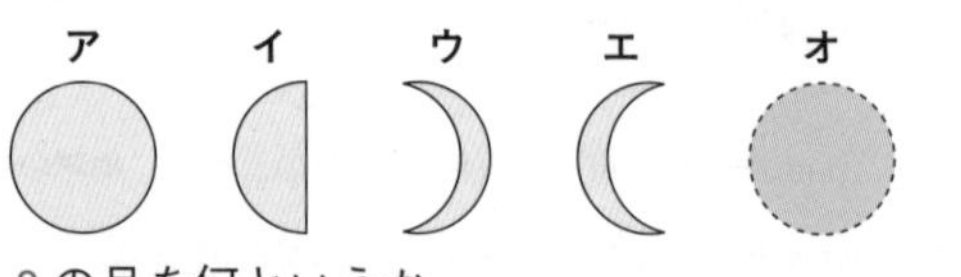

□ 9 8の月を何というか。

---

1 **公転**

2 **東から西**

3 **東**

解説 月が地球の北極側から見て、反時計回りに公転しているため。

4 **(月の)満ち欠け**

5 **新　月**

6 **上弦（じょうげん）の月**

7 **ウ**

解説 **A**が新月の位置、**C**が満月の位置。新月から次の新月まではおよそ30日なので、満月までは15日である。

8 **イ**

解説 地球から見て、月の左半分が太陽の光を反射する。

9 **下弦の月**

解説 月の右半分が光って見える月は上弦の月という。

月の満ち欠け

☆10 右図は、太陽・地球・月の関係を表したものである。満月が見られるのは、月がA～Hのどの位置にあるときか。

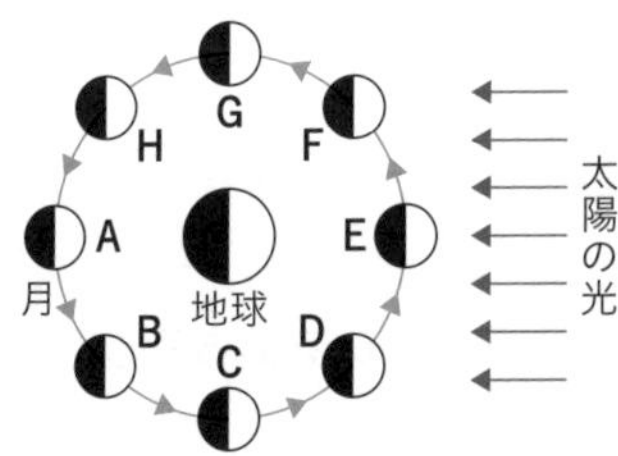

☆11 夕方、西の空に三日月が見られるのは、月が図のA～Hのどの位置にあるときか。

!12 月は地球のまわりを１回まわる間に、１回自転している。このことがわかる現象を、次の**ア**～**ウ**から選べ。

ア　月は満ち欠けをする。

イ　月はつねに地球に同じ面を向けている。

ウ　月の出、月の入りの時刻は毎日変わる。

☆13 地球から見ると月が太陽に重なり、太陽がかくされる現象を何というか。

☆14 月食が見られるとき、月は上図のA～Hのどの位置にあるか。

10 A

11 F

解説 三日月は、新月から3日目の月である。

12 イ

13 日食

14 A

解説 月食は、月が地球のかげに入る現象である。

思考力アップ！

Q そうまさんは、アメリカのニューヨークに住む友人のさくらさんに、日本から電話をした。そうまさんが「満月がきれいに見えているよ。」と話したところ、さくらさんは「今日は久しぶりに月を見ようかな。」と言った。電話をした日の夜、さくらさんがニューヨークで見る月の形として、最も適当なものを、右の**ア**～**エ**から選びなさい。　［山梨］

ア　**イ**　**ウ**　**エ**

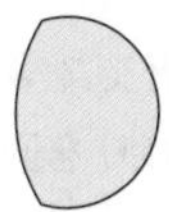

A **エ**

解説 満月のとき、月は地球から見て太陽と反対側にある。これは、同じ日、地球が自転してニューヨークが夜になっても変わらないので、ニューヨークでも満月が見える。

月　日

5 太陽系とその他の天体

中3　重要度

太陽系の天体

□1 太陽のように自ら光や熱を出している天体を何というか。

□2 地球のように1のまわりを回っているある程度の質量と大きさをもった天体を何というか。

□3 太陽を中心として運動している天体の集まりを何というか。

□4 右図は、木星より内側を公転する太陽系の天体の位置関係を表したものである。地球の内側のAは何という惑星か。

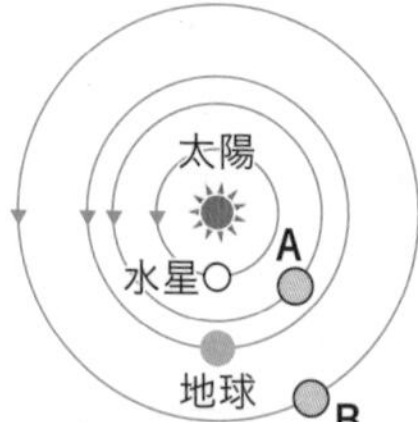

□5 図で、地球の外側のBは何という惑星か。

□6 小型で密度が大きい、図の4つの惑星は何型惑星というか。

□7 大型で密度が小さい、6より外側の惑星を何型惑星というか。

□8 7の惑星をすべて答えよ。

□9 惑星のまわりを公転している小さな天体を何というか。

□10 火星と木星の間にあって、太陽のまわりを公転している数多くの岩石質の小さな天体を何というか。

□11 氷とちりなどでできた天体で、細長い楕円軌道(だえんきどう)で太陽のまわりを回り、太陽に近づくと蒸発したガスやちりの尾(お)が見える天体を何というか。

□12 光が1年間に進む距離(きょり)をもとにして表した単位を何というか。

---

1 恒星(こうせい)

2 惑星(わくせい)

3 太陽系

4 金星

5 火星

6 地球型惑星

解説 おもに岩石からできていて密度が大きい。

7 木星型惑星

解説 水素やヘリウムが多いため、密度が小さい。

8 木星、土星、天王星、海王星

解説 冥王星(めいおうせい)は、太陽系外縁(がいえん)天体に分類される。

9 衛星

10 小惑星

11 すい星

12 光年

解説 

1光年＝約9兆4600億km

惑星の見え方

☐13 右図は、太陽と地球に対する金星のいろいろな位置を表している。明け方に見ることができる金星を、**ア**～**カ**からすべて選べ。

☐14 明け方に見える金星はどの方角に見えるか。

☐15 夕方に見える金星はどの方角に見えるか。

☐16 地球から見ることができる金星で、最も小さく見えて欠け方が小さいものを、**ア**～**カ**から選べ。

13 **オ、カ**

14 **東**

解説 明け方、東の空に輝く金星を明けの明星という。

15 **西**

解説 夕方、西の空に輝く金星をよいの明星という。

16 **カ**

解説 地球から遠い金星を選ぶ。ただし、アの金星は見ることができない。

宇宙の広がり

☐17 宇宙での、恒星の集団を何というか。

☐18 太陽系を含む、恒星や星雲の集団を何というか。

17 **星団**

18 **銀河系**

記述力アップ！

Q ある年の3月25日の夕方、ひときわ明るい天体**X**が西の空に見えた。表のように、天体望遠鏡を用いて3日間、同じ時刻・場所・倍率で観察した天体**X**のスケッチと、観察した日における天体**X**と太陽が昇った時刻と沈んだ時刻をまとめた。図は、太陽と地球の位置、天体**X**と地球の公転軌道を示したものである。天体**X**の公転軌道が図のようになると考えられるのはなぜか、表から読みとれることをふまえ、答えなさい。 ［北海道］

		3月25日	4月25日	5月10日
天体X	スケッチ			
	昇った時刻	7時6分	6時18分	5時43分
	沈んだ時刻	22時1分	22時18分	21時43分
太陽	昇った時刻	5時29分	4時37分	4時17分
	沈んだ時刻	17時53分	18時29分	18時46分

A **天体Xの満ち欠けが大きく、日没から天体Xが沈むまでの数時間しか観察できないから。**

解説 地球より内側を公転する天体は、満ち欠けが大きくなり、日の出近くの朝か日の入り近くの夕方にしか観察できないという特徴がある。

地学　図表でチェック ❸　中3

問題 図を見て、＿＿にあてはまる語句や数値を答えなさい。

1 太　陽

□(1) 右図のaの部分は 黒点 を表しており、まわりより温度が 低い ため、黒く見える。

□(2) 図のaの部分が動いていることから、太陽は 自転 していることがわかる。

□(3) 図のaの形が中央では円形で、外側に行くほど縦長になることから、太陽は 球形 をしていることがわかる。

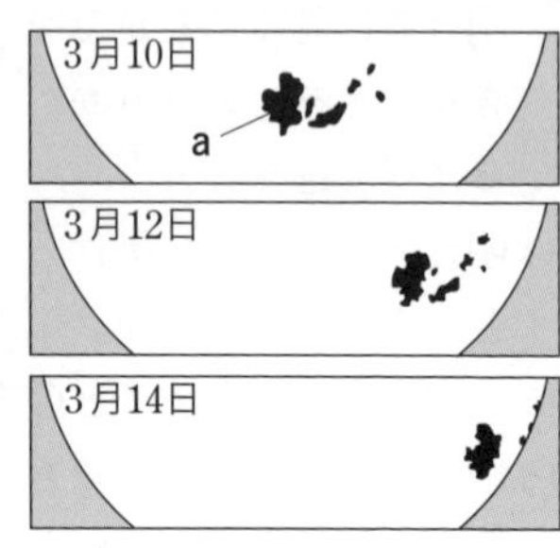

2 太陽の1日の動き

□(1) 図1の透明半球に太陽の位置(●印)を記録するときは、フェルトペンの先端の影が、点 O と一致するようにする。

□(2) 図1の透明半球上で、点Aが表している方角は 南 である。

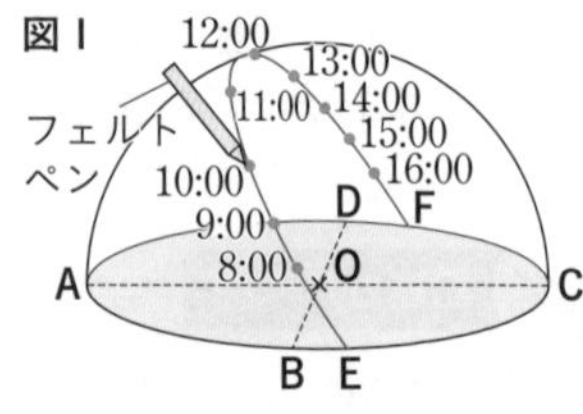

□(3) 太陽が真南にきたときの高度を 南中高度 という。

□(4) 図2から、この日の昼の長さは 13 時間 40 分である。

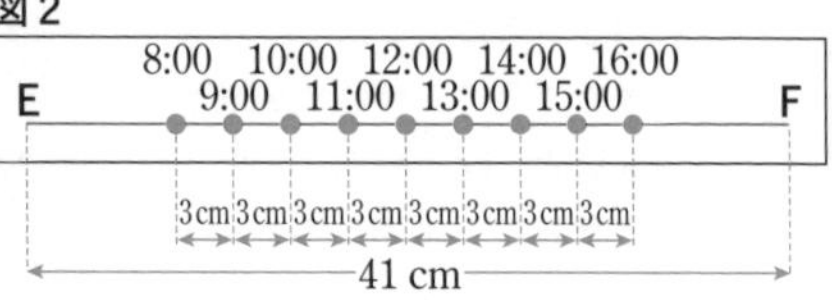

3 星の1日の動き

□(1) 右図は、星の動きを表している。ここで観測された星は、太陽のように自ら光を放って輝いていて、恒星 という。

□(2) 図Aは 北 の空、図Bは 西 の空の星の動きである。星が動いている向きは、図のア～エのうち、図Aは イ 、図Bは エ である。

□(3) Pは星の動きの中心にある星で、北極星 である。

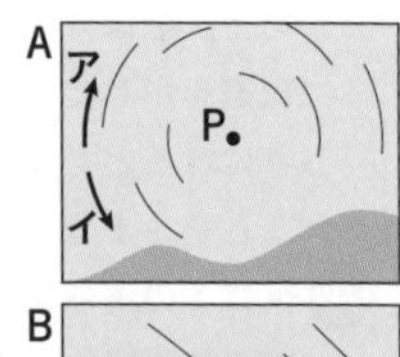

4 天体の１年の動き

□(1) 太陽のまわりを公転する地球と、それをとりまく４つの星座を表した右図のア～エで、地球の自転の向きは **ア**、地球の公転の向きは **ウ** である。

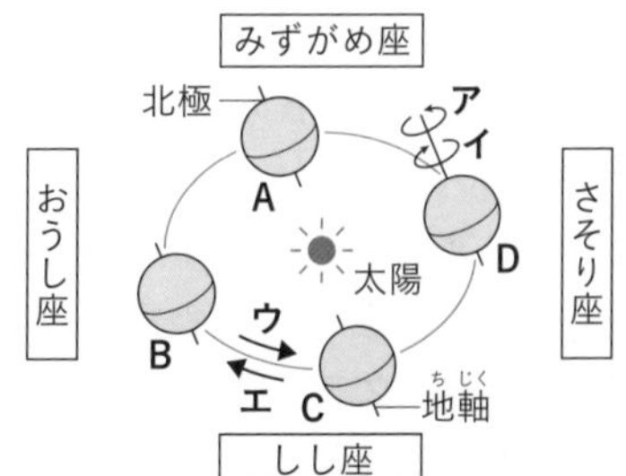

□(2) 真夜中におうし座が南の空に見えるのは、図のA～Dのうち、**B** の位置にあるときである。

□(3) (2)と同じ時刻にみずがめ座が南の空に見えるのは、(2)の **9** か月後である。

□(4) みずがめ座を見ることができない地球の位置は、図のA～Dのうち、**C** の位置である。

5 季節の変化

□(1) 太陽のまわりを公転する地球を表した右図のaのように、地球は地軸（ちじく）が公転面に対して **23.4** °傾（かたむ）いたまま動いている。

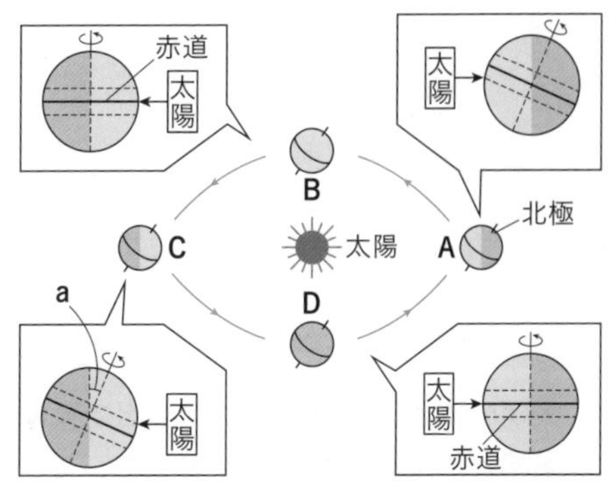

□(2) 地球が図のAの位置にあるとき、日本は **冬至** である。北極側が太陽と反対方向に傾いているので、北半球では昼よりも夜の長さが **長くなる** 。

□(3) 地球が図のBとDの位置にあるとき、日本はそれぞれB **春分** 、D **秋分** である。太陽から見た地軸の傾きが０°になるので、昼と夜の長さが **ほぼ同じになる** 。

□(4) 地球が図のCの位置にあるとき、日本は **夏至（げし）** である。北極側が太陽の方向に傾いているので、北半球では昼よりも夜の長さが **短くなる** 。

□(5) 北半球における太陽の南中高度は、次のように求めることができる。

・冬至の日　　90°－土地の緯度（いど） **－** 23.4°
・春分、秋分の日　　90°－土地の緯度
・夏至の日　　90°－土地の緯度 **＋** 23.4°

6 月の見え方

□(1) 地球の北極側から見た月のようすを表した右図のa、bのうち、月の公転の向きは b である。

□(2) 図の**ア**～**ク**で、満月は **ウ** の位置の月、三日月は **ク** の位置の月である。

□(3) 図の**ア**～**ク**で、日食、月食が見られるときの月の位置は、日食が **キ** 、月食が **ウ** の位置にあるときである。

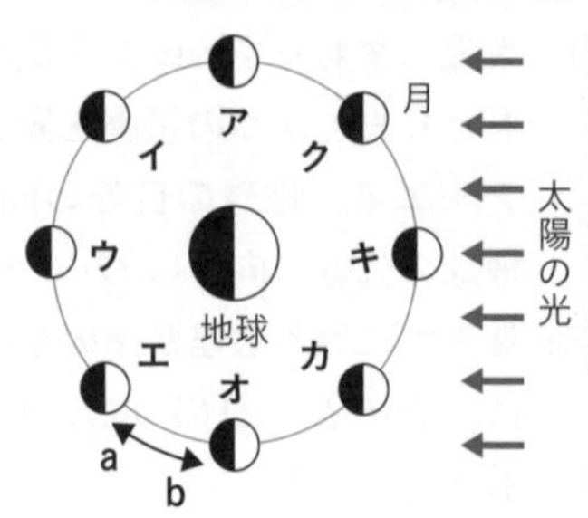

7 太陽系の天体

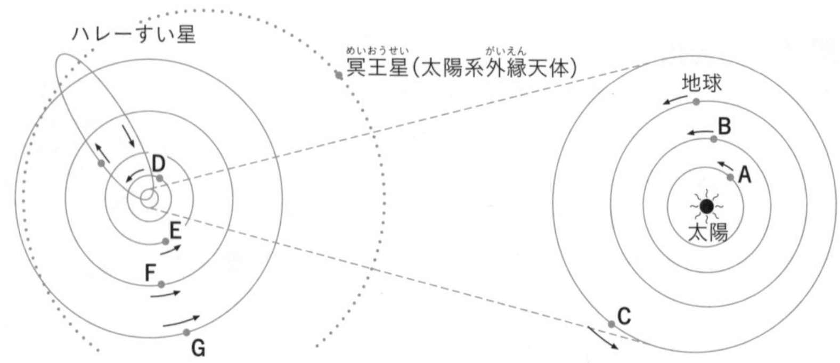

□(1) 太陽のように、自ら光や熱を出す天体を **恒星** という。

□(2) 上図は、太陽系の天体を表している。図の天体は、A **水星** 、B **金星** 、C **火星** 、D **木星** 、E **土星** 、F **天王星** 、G **海王星** である。

8 惑星の見え方

□(1) 右図は、太陽と地球に対する金星のいろいろな位置を表している。図のa～hのうち、夕方見ることができる金星は **f、g、h** である。

□(2) 金星がcの位置にあるとき、この金星が見えるころは **明け方** で、**東** の空に見える。

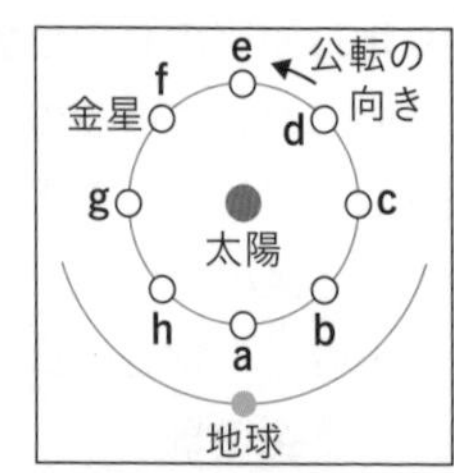

化学

CHEMISTRY

第1章｜物質のすがた …………………………… 94

第2章｜化学変化と原子・分子 …………… 108

第3章｜化学変化とイオン ……………………… 124

CHEMISTRY

月　日

実験器具の扱い方

中1　重要度

メスシリンダー

□1 メスシリンダーの目盛りを読みとるときの正しい目の位置を、右図の**ア**～**エ**から選べ。

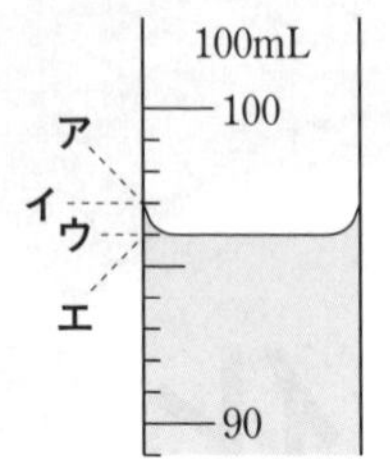

□2 図の液面の目盛りを読みとり、何 mL か答えよ。

1 **ウ**

2 **96.0 mL**

解説 液面の最も低い位置を真横から見て、1目盛りの$\frac{1}{10}$まで目分量で読みとる。

上皿てんびんの使い方

□3 上皿てんびんを使うとき、はじめに指針がどうなるように調節ねじで調節すればよいか、次の**ア**～**ウ**から選べ。

ア　指針が左端（さたん）の目盛りを指す

イ　指針が右端の目盛りを指す

ウ　指針が目盛りの中央で左右に等しくふれる

□4 上皿てんびんで物体の質量をはかるとき、はじめにのせる分銅の質量は、少し大きいもの、少し小さいもののどちらにするか。

□5 分銅の質量 100 mg は何 g か。

□6 上皿てんびんで必要な質量の薬品などをはかりとるとき、両方の皿に何をのせるか。

□7 6をのせたあと、皿の一方に、はかりとりたいだけの何をのせるか。

3 **ウ**

4 **少し大きいもの**

解説 分銅が重すぎたら、ひとつ小さい分銅ととりかえるなどして調節する。

5 **0.1 g**

6 **薬包紙**

7 **分　銅**

電子てんびんの使い方

□8 電子てんびんを使うとき、どのようなところに置くのがよいか。

□9 電子てんびんで必要な質量の薬品をはかりとるとき、表示を0にするのは薬包紙をのせる前か、のせたあとか。

8 **水平なところ**

9 **薬包紙をのせたあと**

ろ過

☐10 ろ過をするとき、ろ紙をろうとにはめ、ろ紙をろうとに密着させるために、どうするか。

10 水でぬらす

★☐11 ろ過で液を注ぐとき、液は何に伝わらせながら注ぐか。

11 ガラス棒

解説 ガラス棒をななめにあてて、少しずつ注ぐ。

ガスバーナーの使い方

★☐12 右図のようなガスバーナーでねじA、Bはそれぞれ何の量を調節するねじか。

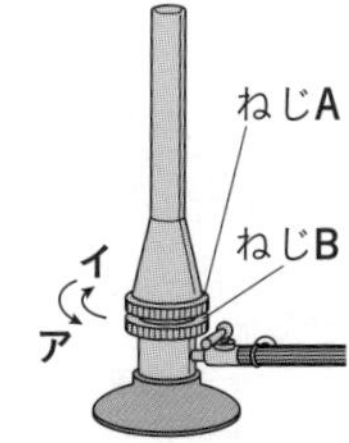

12 A 空気
B ガス

★☐13 ガスや空気の量を少なくするとき、ねじは図のア、イのどちら向きに回せばよいか。

13 イ

☐14 マッチの火でガスバーナーに点火するとき、マッチの火を近づけるのは、ガス調節ねじを開く前か、開いたあとか。

14 開く前

★☐15 ガスバーナーの炎(ほのお)の色が赤いとき、何の量が不足しているか。

15 空気

解説 青い炎になるように調節する。

☐16 ガスバーナーの火を消すとき、ガス調節ねじと空気調節ねじのどちらを先にしめるか。

16 空気調節ねじ

思考力アップ!

Q ガスバーナーで加熱を行う際、次の**ア**～**オ**の操作を並べかえて正しい手順にしたとき、4番目に行う操作として最も適当なものを**ア**～**オ**から選びなさい。 [沖縄]

ア 元栓(もとせん)を開けたあとにコックを開く

イ 空気調節ねじをゆるめて炎の色を調節する

ウ 空気調節ねじ、ガス調節ねじがしまっているか確認(かくにん)する

エ ガス調節ねじをゆるめて火をつける

オ ガス調節ねじを回して炎の大きさを調節する

A **オ**

解説 正しい手順は、**ウ**→**ア**→**エ**→**オ**→**イ**の順になる。

2 身のまわりの物質の性質

中1　重要度 ★★★

金属と金属でない物質

□1 使う目的や形に注目したときの「もの」を何というか。

1 物体

□2 ものをつくっている材料に注目したときの「もの」を何というか。

2 物質

□3 右図のようなものの性質を調べた。表面がよく光っているものを、**ア**～**エ**からすべて選べ。

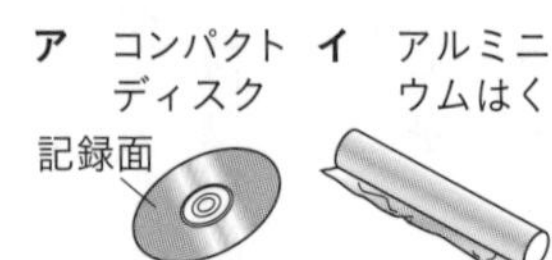

ウ スチール缶(かん)
表面をみがいてある

エ 木片(もくへん)

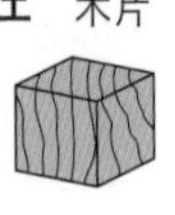

3 ア、イ、ウ

□4 電気をよく通すものを、図の**ア**～**エ**からすべて選べ。

4 イ、ウ

□5 磁石につくものを、図の**ア**～**エ**からすべて選べ。

5 ウ

解説 鉄でできている。

★□6 みがくと特有の輝(かがや)きがあって、たたくと広がり、引きのばすことができ、電流をよく通すなどの共通の性質をもつ物質を何というか。

6 金属

解説 磁石につくことは、金属に共通の性質ではない。

□7 6以外の物質を何というか。

7 非金属

□8 金属をみがいたときに見られる金属特有の輝きを何というか。

8 金属光沢(こうたく)

□9 金属の性質のうち、たたくとうすく広がる性質を何というか。

9 展性

□10 金属の性質のうち、引きのばすことができる性質を何というか。

10 延性

□11 金属は熱を伝えやすいか、伝えにくいか。

11 伝えやすい

□12 金につぐ貴金属とされ、装飾品(そうしょくひん)、貨幣(かへい)などに用いられてきた金属を何というか。

12 銀

解説 銀は熱や電気の伝導率が金属の中で最も大きい。

!□13 2種類以上の金属、または、金属と非金属を混ぜ合わせてつくり出した物質を何というか。

13 合金

有機物と無機物

□14 加熱すると炭になったり、燃えて二酸化炭素と水ができる物質を何というか。

□15 14以外の物質を何というか。

★□16 有機物は、何を含(ふく)む物質か。

★□17 砂糖、食塩、スチールウールを燃焼(ねんしょう)さじにのせて加熱した。火がつく物質をすべて答えよ。

□18 17の物質のうち、集気びんに入れて燃やし、火が消えたあと、物質を出して石灰水(せっかいすい)を入れ、ふたをしてふると白くにごる物質は何か。

□19 18の物質は、有機物か無機物か。

□20 ポリエチレンや PET など、石油などを原料としてつくった物質を何というか。

□21 20の物質は、有機物か無機物か。

★□22 物質 1 cm³ あたりの質量を何というか。

★□23 次の式の①、②にあてはまる語句を答えよ。

$$密度〔g/cm^3〕=\frac{物質の(\ ①\ )〔g〕}{物質の(\ ②\ )〔cm^3〕}$$

□24 質量 13.5 g、体積 5.0 cm³ の物質の密度を求めよ。

14 **有機物**

15 **無機物**

16 **炭　素**

17 **砂糖、スチールウール**

18 **砂　糖**

解説 砂糖を燃やすと二酸化炭素ができる。スチールウールはできない。

19 **有機物**

20 **プラスチック**

21 **有機物**

22 **密　度**

23 ① **質　量**
② **体　積**

24 **2.7 g/cm³**

$$\frac{13.5〔g〕}{5.0〔cm^3〕}=2.7〔g/cm^3〕$$

思考力アップ！

Q 次の文の①、②にあてはまる語句を答えなさい。　〔愛知〕

一般的(いっぱんてき)に、物質の温度が下がることによって、物質の ① が減少し、密度は大きくなる。このような物質の例として、エタノールがあげられる。エタノールの液体の中に、温度を下げて固体にしたエタノールを入れると、固体のエタノールは ② 。

A ① **体　積**　② **沈(しず)む**

解説 一般的に、温度を下げると質量は変わらず体積が減少するので、密度は大きくなる。エタノールは、液体よりも固体のほうが密度が大きい。よって、液体のエタノールに固体のエタノールを入れると沈む。

3 気体とそのつくり方 ①

中1　重要度

酸素

□ 1 酸素は空気中に約何％含(ふく)まれているか。

1 21 %（20 %）

□ 2 右図のような装置で、酸素を発生させるとき、ろうと管に入れる液体 **a** は何か。

2 オキシドール（うすい過酸化水素水）

□ 3 酸素を発生させるとき、図の三角フラスコに入れる黒い粒状(つぶじょう)の物質 **b** は何か。

3 二酸化マンガン

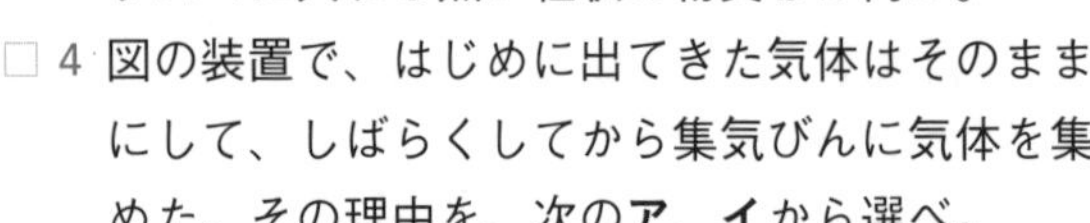

□ 4 図の装置で、はじめに出てきた気体はそのままにして、しばらくしてから集気びんに気体を集めた。その理由を、次の**ア**、**イ**から選べ。

ア はじめに出てくる気体は、三角フラスコの中にあった空気を多く含むから。

イ はじめのうちは、酸素はあまり発生しないから。

4 ア

□ 5 図のような気体の集め方を何というか。

5 水上置換法(ちかんほう)

□ 6 5の集め方で集められるのは、酸素にどのような性質があるからか。

6 水にとけにくい性質

□ 7 酸素で満たした試験管に火のついた線香(せんこう)を入れると、どうなるか。

7 線香が炎(ほのお)を出して激しく燃える

解説 酸素にはものを燃やすはたらきがある。

□ 8 酸素には色があるか。

8 ない

□ 9 酸素にはにおいがあるか。

9 ない

窒素

□ 10 窒素(ちっそ)は空気中に約何％含まれているか。

10 78 %（80 %）

□ 11 窒素は水にとけやすいか、とけにくいか。

11 とけにくい

□ 12 窒素にはにおいがあるか。

12 ない

二酸化炭素

☆ □13 右図のように、三角フラスコに石灰石(せっかいせき)を入れた装置で、二酸化炭素を発生させるとき、ろうと管に入れる液体 a は何か。

☆ □14 図のような気体の集め方を何というか。

☆ □15 14の集め方で集められるのは、二酸化炭素にどのような性質があるからか。

□16 二酸化炭素は水にとけるが、多くとけるわけではないので、14の集め方とは別の方法で集めることもできる。何という集め方か。

□17 石灰水に二酸化炭素を通すと、石灰水はどうなるか。

☆ □18 二酸化炭素がとけた水溶液(すいようえき)は、酸性、中性、アルカリ性のどれを示すか。

□19 二酸化炭素には色があるか。

□20 二酸化炭素にはにおいがあるか。

13 **うすい塩酸**

14 **下方置換法(ちかんほう)**

15 **密度が空気より大きい**

解説 二酸化炭素の密度は空気の約 1.53 倍。

16 **水上置換法**

17 **白くにごる**

18 **酸 性**

19 **な い**

20 **な い**

生物 地学 化学 物理

記述力アップ!

Q 図の装置を用いて、石灰石にうすい塩酸を加えて気体を発生させた。1本目の試験管に集めた気体は調べずに、2本目の試験管に集めた気体を調べたところ、この気体は二酸化炭素であることがわかった。

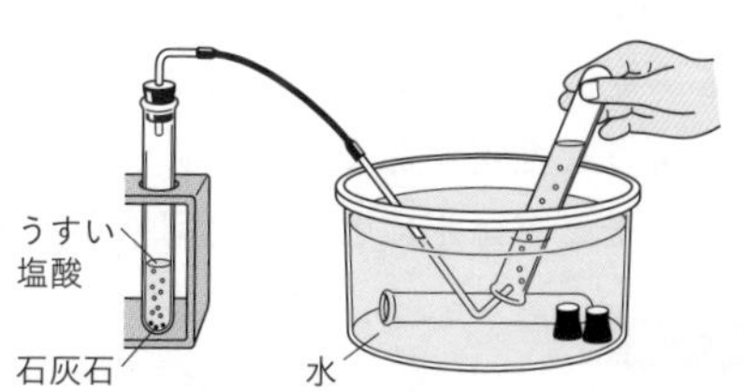

このとき、下線部のようにしたのはなぜか、理由を答えなさい。 [青森]

A **1本目の試験管に集めた気体には、空気が多く含(ふく)まれているため。**

解説 1本目の試験管には、発生した気体に押(お)し出されて、もともと試験管やゴム管、ガラス管に入っていた空気が入る。そのため、発生した気体を調べる場合は、1本目は使わずに、2本目以降の試験管を使う。

4 気体とそのつくり方 ②

中I　重要度

水素

1 右図のような装置で、金属aにうすい塩酸を加えたところ、水素が発生した。aは何という金属か、1つ答えよ。

2 水素は空気より密度が大きいか、小さいか。

3 水素は水にとけにくいか、とけやすいか。

4 水素に火をつけるとポンと音を立てて燃え、何ができるか。

アンモニア

5 右図のような装置で、アンモニアを発生させた。アンモニアは塩化アンモニウムと何を混ぜて加熱すると発生するか。

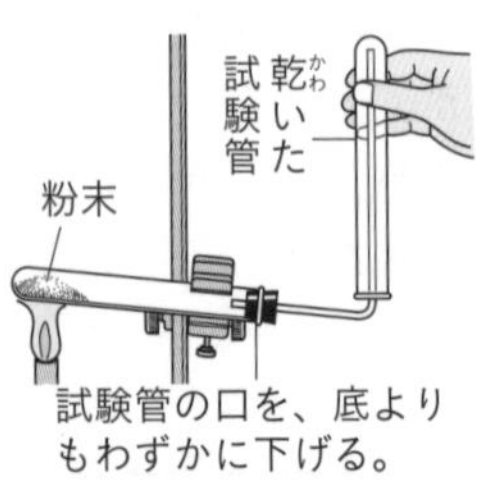

6 図のような気体の集め方を何というか。

7 6の集め方で集められるのは、アンモニアにどのような性質があるからか。

8 アンモニアは水にとけると何性を示すか。

塩素

9 アンモニア、塩素などにある、鼻をさすようなにおいのことを何というか。

10 塩素は空気より密度が大きいか、小さいか。

11 塩素は水にとけると何性を示すか。

12 塩素は何色か。

---

1 亜鉛(鉄、マグネシウムなどでもよい)

解説 水素は水上置換法で集める。

2 小さい

3 とけにくい

4 水(水滴)

解説 酸素と反応して水ができる。

5 水酸化カルシウム

6 上方置換法

7 空気より密度が小さい

8 アルカリ性

9 刺激臭

10 大きい

解説 塩素の密度は空気の約 2.49 倍。

11 酸　性

12 黄緑色

いろいろな気体

□13 塩化水素は無色の気体である。においはあるか。
□14 塩化水素は空気より密度が大きいか、小さいか。
☆□15 塩化水素は水にとけると何性を示すか。
□16 塩化水素の水溶液(すいようえき)を何というか。
☆□17 塩化水素は、右図のア～ウのどの方法で集めるか。

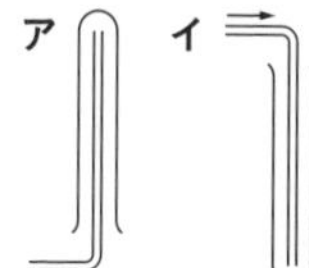

□18 塩化水素を集める17の方法を何というか。
!□19 酸素が十分にない状態で有機物が燃えると発生し、吸いこむと酸欠状態になる気体は何か。
□20 火山ガスや温泉に含(ふく)まれる特有のにおいをもつ、有毒な気体を何というか。
□21 20は水に少しとけて、とけると何性を示すか。
!□22 二酸化硫黄(いおう)は何を含む物質が燃えると発生するか。
!□23 二酸化硫黄は水にとけると何性を示すか。

13 ある
解説 刺激臭(しげきしゅう)がある。
14 大きい
15 酸性
16 塩酸
17 イ
18 下方置換法(ちかんほう)
19 一酸化炭素
20 硫化水素(りゅうかすいそ)
21 酸性
22 硫黄
23 酸性

生物 地学 化学 物理

思考力アップ！

Q 4種類の気体について、次の表のようにまとめた。表から考えて、25℃での空気の密度〔g/cm³〕は、何 g/cm³ より大きく、何 g/cm³ より小さいと考えられるか。また、二酸化窒素(ちっそ)が水にとけやすいことをふまえて、表中の□に入る気体の集め方を答えなさい。［京都一改］

	塩化水素	アンモニア	二酸化炭素	二酸化窒素
におい	刺激臭	刺激臭	なし	刺激臭
25℃での密度〔g/cm³〕	0.00150	0.00071	0.00181	0.00187
気体の集め方	下方置換法	上方置換法	下方置換法 水上置換法	□

A 空気の密度 0.00071 g/cm³ より大きく、0.00150 g/cm³ より小さい。
気体の集め方 下方置換法

解説 上方置換法で集める気体は空気よりも密度が小さく、下方置換法で集める気体は空気よりも密度が大きい。

5 水溶液

中1　重要度 ★★★

物質のとけ方と溶液の濃度

★□ 1 砂糖水の砂糖のように、液体にとけている物質を何というか。

砂糖　砂糖水　水

★□ 2 砂糖水の水のように、物質をとかしている液体を何というか。

★□ 3 砂糖水のように、物質が液体にとけた液全体を何というか。

□ 4 溶媒が水である溶液を何というか。

□ 5 砂糖を水にとかしたとき、砂糖が小さな粒子(りゅうし)になり、水がその粒子の間に均一に入りこみ、砂糖がすべて水にとける。時間がたつと、液の下のほうの濃(こ)さは上のほうと比べてどうなるか。

□ 6 水、エタノール、酸素など、1種類の物質でできているものを何というか。

□ 7 砂糖水、しょう油など、いくつかの物質が混じり合ったものを何というか。

★□ 8 空気、二酸化炭素、ブドウ糖、食塩水の中から7であるものをすべて選べ。

□ 9 溶液の質量に対する、溶質の質量の割合を百分率で表したものを何というか。

★□ 10 次の式の①～④にあてはまる語句を答えよ。

$$\text{質量パーセント濃度〔\%〕}=\frac{(\ ①\ )\text{の質量〔g〕}}{(\ ②\ )\text{の質量〔g〕}}\times 100$$

$$=\frac{(\ ③\ )\text{の質量〔g〕}}{(\ ④\ )\text{の質量〔g〕}+\text{溶質の質量〔g〕}}\times 100$$

★□ 11 水140gに砂糖を60gとかしたときの質量パーセント濃度は何%か。

★□ 12 5%の砂糖水1kgに砂糖は何gとけているか。

1 溶質(ようしつ)

2 溶媒(ようばい)

3 溶液

4 水溶液

5 変わらない（同じ）

解説 濃さが同じ状態がいつまでも続く。

6 純粋(じゅんすい)な物質（純物質）

7 混合物

8 空気、食塩水

9 質量パーセント濃度(のうど)

10 ① 溶質
② 溶液
③ 溶質
④ 溶媒

11 30%

解説

$$\frac{60〔g〕}{140〔g〕+60〔g〕}\times 100$$

12 50g

溶解度と再結晶

★ □13 物質がそれ以上とけることができなくなった水溶液を何というか。 — 13 飽和水溶液

★ □14 水 100 g にとける物質の最大の質量を何というか。 — 14 溶解度

□15 右図は、食塩とミョウバンの溶解度曲線である。水の温度が 20 ℃のとき、食塩とミョウバンでは、どちらの溶解度が大きいか。 — 15 食塩

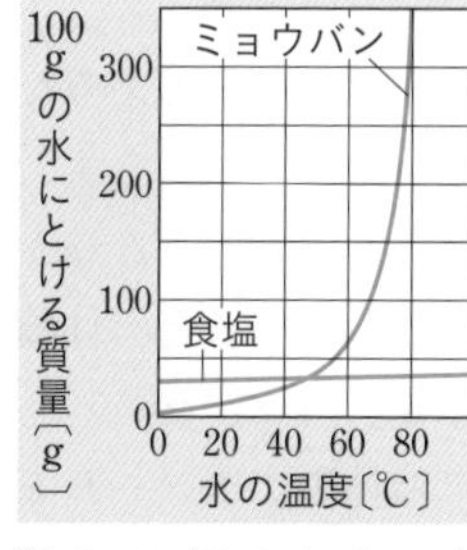

□16 図から、水の温度が 40 ℃と 60 ℃のとき、水 100 g には、ミョウバンはそれぞれ約何 g までとかすことができるか、次の**ア**～**ウ**から選べ。

ア 約 25 g　　**イ** 約 60 g　　**ウ** 約 320 g

— 16 40 ℃ **ア**　60 ℃ **イ**

★ □17 一度とかした物質を再び結晶としてとり出すことを何というか。 — 17 再結晶

思考力アップ！

Q ミョウバンを 60 ℃の水 40.0 g にとかして飽和水溶液をつくった。この飽和水溶液を 20 ℃までゆっくりと冷やしたところ、大きなミョウバンの結晶ができた。このとき、ミョウバンの結晶は何 g できるか、小数第 1 位まで求めなさい。ただし、ミョウバンの溶解度曲線は右図のとおりとする。〔岩手〕

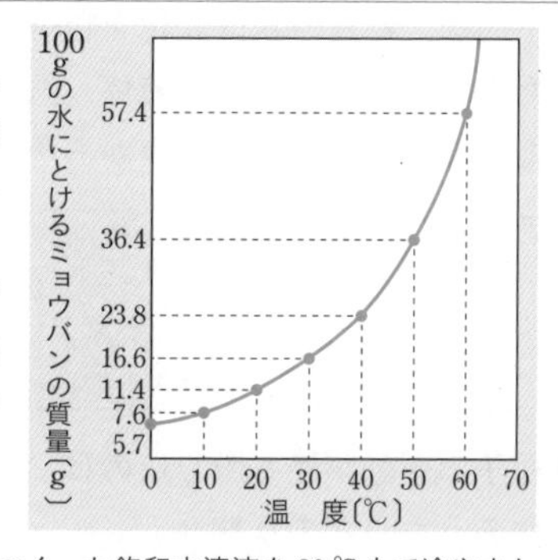

A **18.4 g**

解説 60 ℃の水 100 g にミョウバンをとかしてつくった飽和水溶液を 20 ℃まで冷やすと、結晶が、57.4－11.4＝46.0〔g〕できる。よって、60 ℃の水 40.0 g にミョウバンをとかしてつくった飽和水溶液からできる結晶は、$46.0\times\frac{40}{100}=18.4$〔g〕である。

月　日

6 物質の状態変化

中1　重要度

状態変化と体積・質量

★□1 物質の状態が「固体⇄液体⇄気体」と温度によって変わることを、物質の何というか。

□2 液体のろうを冷やすと、液体からどのような状態に変わるか。

★□3 2のとき、体積と質量はそれぞれどうなるか。

★□4 水(液体)を冷やして氷(固体)にすると、体積と質量はそれぞれどうなるか。

□5 ポリエチレンの袋(ふくろ)の中に液体のエタノールを少量入れ、湯につけてあたためると、袋はどうなるか。

★□6 5のとき、エタノールの体積と質量はそれぞれどうなるか。

□7 ドライアイスを空気中であたためると、固体からどのような状態に変わるか。

★□8 固体から7の状態に変わるとき、二酸化炭素の体積と質量はそれぞれどうなるか。

★□9 下図は、物質の状態変化を粒子(りゅうし)のモデルで表したものである。固体、液体、気体の状態を表したモデルを、次の**ア**～**ウ**からそれぞれ選べ。

ア 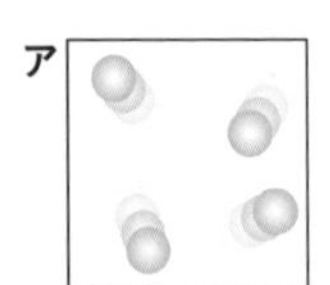　**イ** 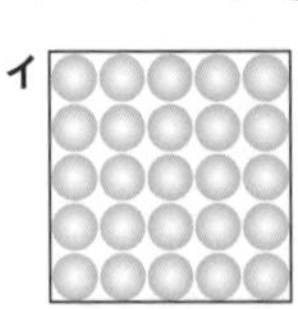　**ウ** 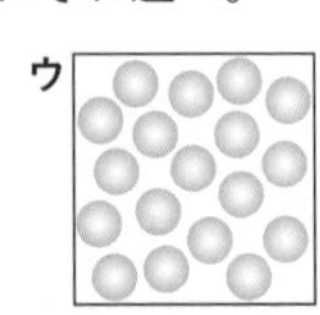

□10 粒子の運動が最も激しいのは、固体、液体、気体のうち、どの状態か。

□11 液体から気体に状態が変化するとき、液体の表面ばかりでなく、内部からも気体に変化することを何というか。

---

1 状態変化

2 固体

3 体積 減る
　質量 変わらない

4 体積 増える
　質量 変わらない

5 膨(ふく)らむ

6 体積 増える
　質量 変わらない

7 気体

解説 ドライアイスは二酸化炭素の固体である。

8 体積 増える
　質量 変わらない

9 固体 イ
　液体 ウ
　気体 ア

10 気体

解説 粒子がより広がって体積は飛躍的(ひやくてき)に大きくなる。

11 沸騰(ふっとう)

解説 液体の表面からだけ気体になることは、蒸発という。

状態変化と温度

□12 2種類の物質を熱したときの温度変化を表した右図で、固体の物質がとけ始めた時間は、ア～ウのどれか。

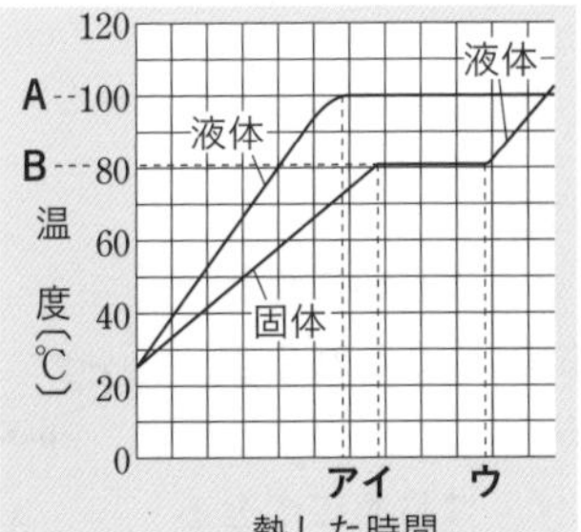

★□13 右図のA、Bはそれぞれ加熱しても温度が変化しないときの温度を表している。それぞれの温度を何というか。

□14 右図のような装置で、水とエタノールの混合物を熱して、純粋(じゅんすい)な物質をとり出す実験をした。試験管に最初に多くたまる物質は何か。

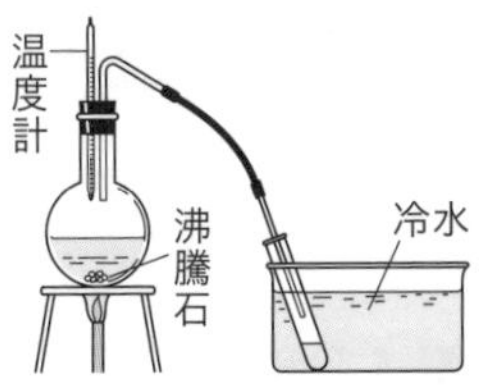

★□15 14の実験のような操作を何というか。

12 イ

解説 固体がとけているときの温度や、液体が沸(ふっ)騰(とう)しているときの温度は一定である。

13 A 沸点
B 融(ゆう)点(てん)

14 エタノール

解説 沸点は、エタノールのほうが水より低い。

15 蒸留

解説 液体を加熱して気体にし、冷やして再び液体にして集める方法。

思考力アップ!

Q 表は、4種類の物質における、固体がとけて液体に変化するときの温度と、液体が沸騰して気体に変化するときの温度をまとめたものである。表の4種類の物質のうち、20℃のとき固体の状態にあるものを、すべて選びなさい。［岐阜］

	鉄	パルミチン酸	窒(ちっ)素(そ)	エタノール
固体がとけて液体に変化するときの温度(℃)	1535	63	−210	−115
液体が沸騰して気体に変化するときの温度(℃)	2750	360	−196	78

A 鉄、パルミチン酸

解説 固体がとけて液体に変化するときの温度を融点、液体が沸騰して気体に変化するときの温度を沸点という。20℃で固体の状態なので、融点が20℃よりも高い物質を探す。窒素の沸点は−196℃と低いので20℃で気体、エタノールは20℃で液体である。

月　日

化学 図表でチェック ❶

中1

問題 図や表を見て、＿＿にあてはまる語句や数値を答えなさい。

1 上皿てんびんの使い方

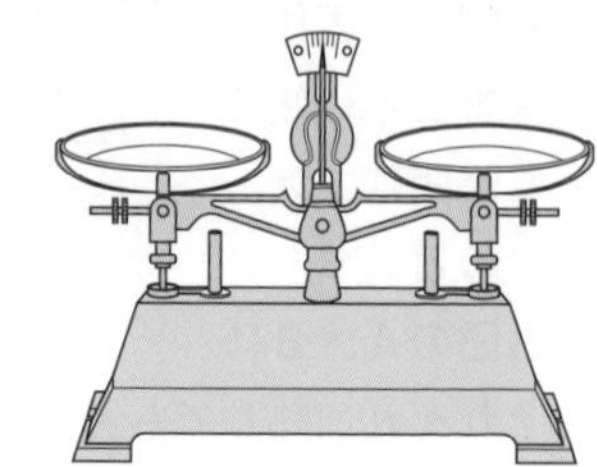

□(1) 上皿てんびんを使うとき、はじめに指針が目盛りの **中央** で左右に等しくふれるように **調節ねじ** で調節する。

□(2) 物質の質量をはかるとき、はじめにのせる分銅は、はかろうとするものより少し **重い** と思われるものをのせる。

□(3) 一定の質量の薬品をはかりとるとき、薬包紙を **両方** の皿にのせ、一方に **分銅** をのせてから、他方の皿に **薬品** をのせてはかりとる。

2 密　度

□(1) 物質 1 cm³ あたりの **質量** を密度という。

□(2) 右表より、同じ体積の物体をつくったとき、鉄と銅では **銅** のほうが重い。

□(3) 鉄 100 cm³ の質量は **787** g である。

□(4) 質量 7.9 g、体積 10 cm³ の液体の密度は **0.79** g/cm³ である。よって、この液体は右表より **エタノール** と推定できる。

物質名	密　度
鉄	7.87 g/cm³
銅	8.96 g/cm³
水　銀	13.55 g/cm³
水（4℃）	1.00 g/cm³
エタノール	0.79 g/cm³

3 気体の性質

□(1) 密度が空気より大きく、石灰水（せっかいすい）を白くにごらせる気体は **二酸化炭素** で、気体の集め方は右図の**ア**または **イ** である。

□(2) 密度が最も小さく、マッチの火を近づけると燃える気体は **水素** で、水にとけにくいので、気体の集め方は右図の **ア** である。

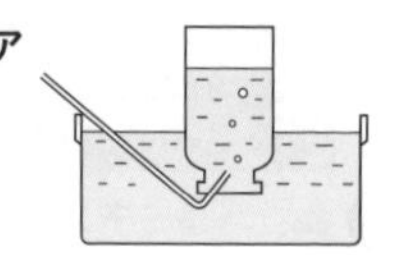

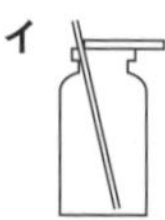

4 濃度

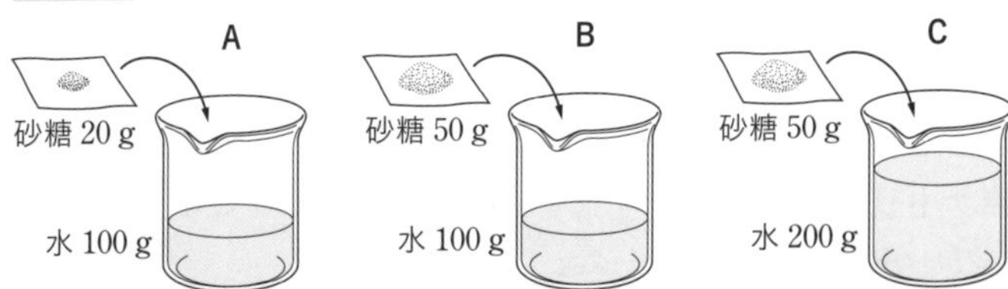

□(1) 溶液の質量は、溶質と **溶媒** の質量の **和** なので、上図のAの砂糖水の質量は **120** g である。

□(2) 砂糖水Aの濃度(質量パーセント濃度)を四捨五入して小数第1位まで求めると、約 **16.7** %である。

□(3) 砂糖水A、B、Cのうち、濃度が最も高いのは、砂糖水 **B** である。

5 溶解度と再結晶

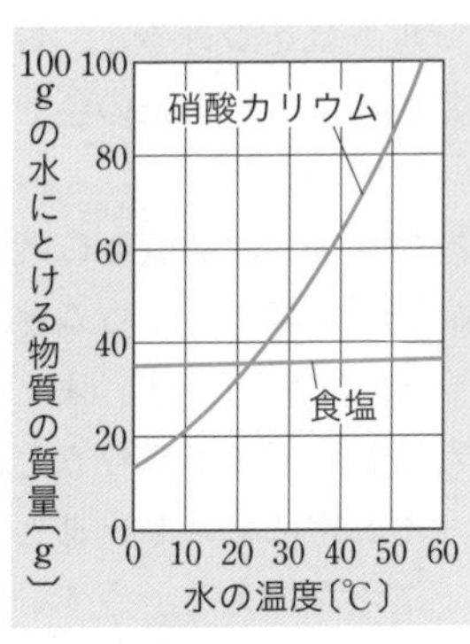

□(1) 物質がそれ以上とけることができなくなった水溶液を **飽和水溶液**、100 g の水にとける物質の最大の質量を **溶解度** という。

□(2) 右図の溶解度曲線で、硝酸カリウムと食塩では、10 ℃のとき **食塩** の溶解度が大きい。

□(3) 硝酸カリウムは、20 ℃の水 100 g に 31.6 g とける。40 ℃の水 100 g に 50.0 g をとかした水溶液を 20 ℃まで冷やすと **18.4** g の硝酸カリウムが結晶となって出てくる。

□(4) 一度とかした物質を再び結晶としてとり出すことを **再結晶** という。

6 状態変化と温度

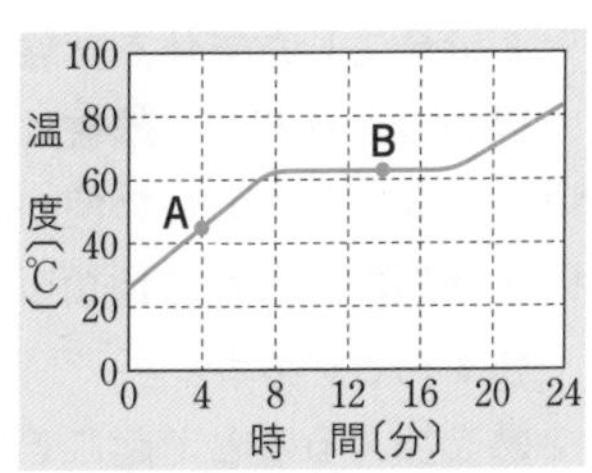

□(1) 右のグラフは、ある固体の物質を加熱したときの温度変化である。この物質の状態は、点Aでは **固体**、点Bでは **固体** と **液体** が混ざっている。

□(2) グラフの平らな部分の温度は、この物質の **融点** である。

月　日

1 物質の分解

中２　重要度

熱による分解

□ 1 右図のような装置で、炭酸水素ナトリウムを加熱して、出てくる気体を試験管 b に集めた。試験管 b に石灰水(せっかいすい)を入れてふると、どんな変化が見られるか。

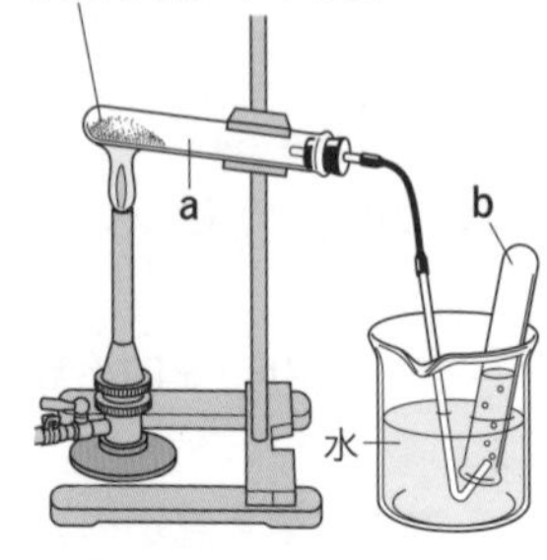

□ 2 試験管 b に集めた気体は何か。

★□ 3 熱した試験管 a の口元にできた液体に塩化コバルト紙をつけると、青色から何色に変わるか。

★□ 4 塩化コバルト紙の色を、3 のように変える液体は何か。

★□ 5 加熱後、試験管 a に残った固体は何か。

★□ 6 炭酸水素ナトリウムと、炭酸ナトリウムをそれぞれ水にとかす。よくとけるのはどちらか。

★□ 7 炭酸水素ナトリウムと、炭酸ナトリウムをそれぞれ水にとかしたあと、フェノールフタレイン溶液(ようえき)を加える。うすい赤色になるのはどちらか。

□ 8 酸化銀を試験管に入れて加熱すると、気体が発生し、白い固体の物質が試験管に残った。この物質は何か。

□ 9 8 で発生した気体を試験管に集め、火のついた線香(せんこう)を入れると、線香はどうなるか。

★□10 8 で発生した気体は何か。

□11 1種類の物質が 2 種類以上の物質に分かれる変化を何というか。

□12 熱を加えることで起こる11の変化を何というか。

---

1 石灰水が白くにごる

2 二酸化炭素

3 赤色（桃色(ももいろ)）

4 水

5 炭酸ナトリウム

6 炭酸ナトリウム

7 炭酸水素ナトリウム

解説 炭酸水素ナトリウムは弱いアルカリ性、炭酸ナトリウムは強いアルカリ性を示す。

8 銀

9 炎(ほのお)を出して激しく燃える

10 酸素

11 分解

12 熱分解

水の電気分解

□13 右図の装置を使って、水の電気分解をするとき、水に何という物質を少しとかすか。

□14 水に電流を流したとき、この装置の陽極(＋極)に発生する気体は何か。

□15 水に電流を流したとき、この装置の陰極(いんきょく)(－極)に発生する気体は何か。

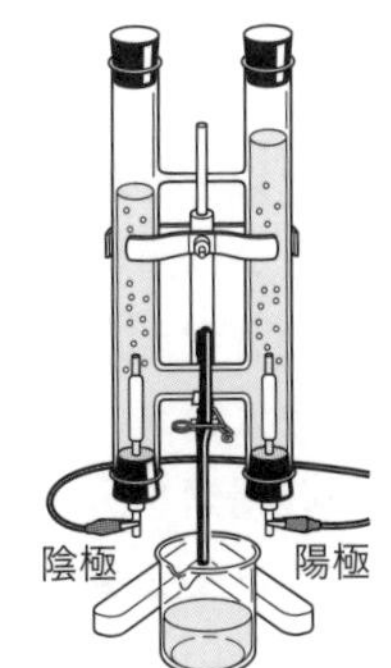

□16 酸素、水素のうち、よく燃える気体はどちらか。

□17 図で、陽極、陰極に気体が発生していくとき、ある物質が減少していく。それは何か。

□18 電流による物質の分解を何というか。

□19 もとの物質とは違(ちが)う別の物質ができる変化を何というか。

13 **水酸化ナトリウム**

解説 純粋(じゅんすい)な水だけでは電流は流れにくい。

14 **酸素**

15 **水素**

16 **水素**

解説 酸素は、ものを燃やす気体である。

17 **水**

解説 水が分解されて水素と酸素になるため。

18 **電気分解**

19 **化学変化（化学反応）**

思考力アップ！

Q 図の装置で、白色の粉末の入った試験管を加熱したところ、気体が発生し、三角フラスコ**A**の液体は青色に変化したが、三角フラスコ**B**の液体の色は変化しなかった。加熱を続けると、気体は発生し続け、三角フラスコ**A**の液体は青色のままで、三角フラスコ**B**の液体が黄色に変化した。

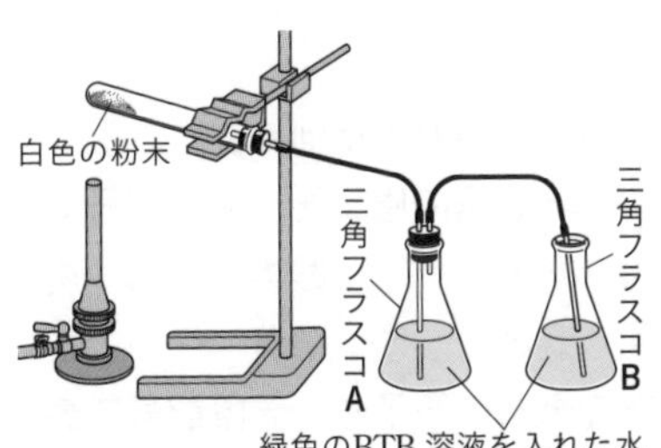

このとき、次の文の①、②にあてはまる語句を答えなさい。［山口ー改］

> 結果から、加熱によって、水に少しとけて ① 性を示す気体と、水によくとけて ② 性を示す気体が発生したことがわかる。

A ① **酸**　② **アルカリ**

解説 水に少ししかとけない気体は、フラスコ**A**だけでなくフラスコ**B**まで移動する。

2 物質と原子・分子

中2　重要度

原子

□1 物質をつくっている、それ以上分割(ぶんかつ)することができない小さい粒子(りゅうし)を何というか。

□2 物質が1でできているという考え方を発表したのは、イギリスの何という人物か。

□3 物質を構成している原子の種類を何というか。

□4 原子の種類をアルファベット1文字または2文字の記号で表したものを何というか。

★□5 原子の性質について、次の文の①～③にあてはまる語句を答えよ。

・原子はそれ以上(　①　)できない。

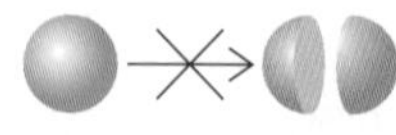

・原子は種類によって、大きさや(　②　)が決まっている。

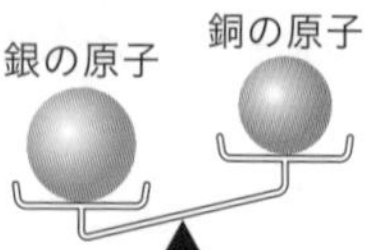

・原子はなくなったり、新しくできたり、ほかの種類の原子に変わったり(　③　)。

□6 最も小さい原子は何か。

★□7 次の非金属の原子を、元素記号で表せ。

①　水素　②　酸素　③　炭素
④　窒素(ちっそ)　⑤　硫黄(いおう)

★□8 次の金属の原子を、元素記号で表せ。

①　鉄　②　銅　③　ナトリウム
④　マグネシウム　⑤　カルシウム

□9 原子の種類を表すのに用いられる数字を何というか。

□10 原子を9の順に並べて、原子の性質を整理した表を何というか。

---

1 **原子**

解説 原子は＋(プラス)の電気を帯びた原子核(げんしかく)と－(マイナス)の電気を帯びた電子から成り立っている。

2 **ドルトン**

3 **元素**

4 **元素記号**

5 ① **分割**
② **質量**
③ **しない**

6 **水素原子**

解説 1個の大きさは、1cmの1億分の1程度。

7 ① **H**　② **O**
③ **C**　④ **N**
⑤ **S**

8 ① **Fe**　② **Cu**
③ **Na**　④ **Mg**
⑤ **Ca**

9 **原子番号**

10 **周期表**

物質をつくる粒子の単位

□11 いくつかの原子が結びついてできた、物質の性質を示す最小の粒子(りゅうし)を何というか。

□12 次のモデルは何の分子を表しているか。ただし、○は酸素原子、●は炭素原子を表している。

① ○○　② ○●○

★□13 下図は、いろいろな物質のつくりをモデルで表したものである。A、Bのように、1種類の原子からできている物質を何というか。

A　H H

B　Mg

C　O H H

D

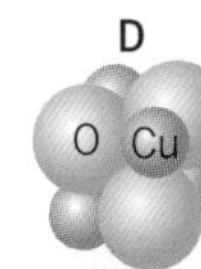

★□14 C、Dのように、2種類以上の原子でできている物質を何というか。

★□15 A～Dから、分子であるものをすべて選べ。

□16 A～Dは何という物質か、それぞれ答えよ。

11 分子

12 ① 酸素
② 二酸化炭素

13 単体

14 化合物

15 A、C

16 A 水素
B マグネシウム
C 水
D 酸化銅

思考力アップ！

Q 物質を右図のように分類するとき、図のA～Eにあてはまる物質を、次のア～コからそれぞれ選びなさい。

ア	空気	イ	二酸化炭素
ウ	酸素	エ	塩化ナトリウム
オ	水素	カ	食塩水
キ	銅	ク	酸化銀
ケ	水	コ	ダイヤモンド

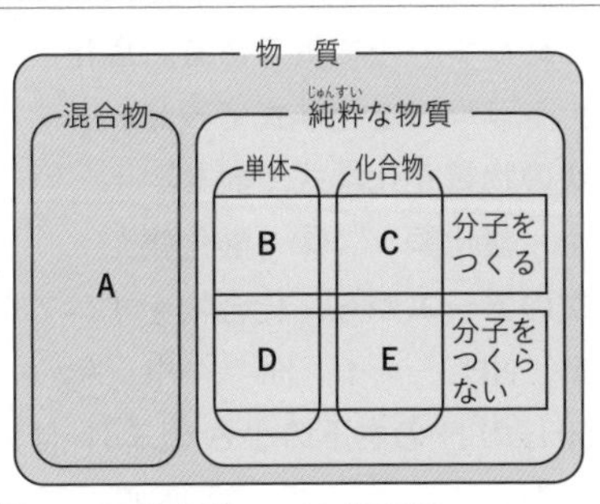

A　A ア、カ　B ウ、オ　C イ、ケ　D キ、コ　E エ、ク

解説　物質には純粋な物質と混合物があり、純粋な物質はさらに、単体と化合物に分けることができる。空気は、純粋な物質である窒素(ちっそ)や酸素などが混ざった物質、食塩水は、純粋な物質である塩化ナトリウムと水が混ざった物質なので混合物である。分子をつくるかどうかは、物質によって決まっている。

月　日

3 化学式と化学反応式

中2　重要度

化学式

□1 物質を、元素記号を用いて、どんな原子がいくつ集まっているかを表したものを何というか。

□2 水素は、水素原子が2個結びついて分子をつくっている。水素を化学式で表せ。

□3 マグネシウムは、マグネシウム原子がたくさん集まってできている。マグネシウムを化学式で表せ。

★□4 次の物質を化学式で表せ。
① 酸素　② 銅　③ 塩素　④ 炭素

□5 水は、水素原子2個と酸素原子1個が結びついて分子をつくっている。水を化学式で表せ。

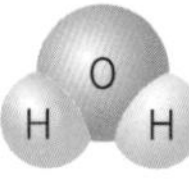

★□6 次の物質を化学式で表せ。
① 二酸化炭素　② アンモニア

□7 塩化ナトリウムは、ナトリウム原子と塩素原子が1：1の割合で結びついた物質である。塩化ナトリウムを化学式で表せ。

★□8 次の物質を化学式で表せ。
① 酸化銅　② 酸化銀

★□9 次の**ア**～**エ**から、化合物をすべて選べ。
ア NH_3　**イ** H_2　**ウ** Ag　**エ** CO_2

□10 NH_3 のHの右下の小さな「3」は何を表しているか。

化学反応式

□11 化学変化のようすを化学式で表した式を何というか。

---

1 **化学式**

2 **H_2**

3 **Mg**
解説 1個のマグネシウム原子で表す。

4 ① **O_2**　② **Cu**
③ **Cl_2**　④ **C**

5 **H_2O**

6 ① **CO_2**
② **NH_3**

7 **NaCl**
解説 1個のナトリウム原子と1個の塩素原子の組で表す。

8 ① **CuO**
② **Ag_2O**

9 **ア、エ**
解説 2種類以上の原子でできているものを選ぶ。

10 **結びついている水素原子の数**

11 **化学反応式**

□12 化学反応式では、反応の前とあとの原子の種類と原子の何が等しくなるようにするか。

12 数

★□13 水を電気分解すると水素と酸素が発生する。次の①、②をうめて、このときの化学反応式を完成させよ。

(①) ⟶ (②) ＋ O_2

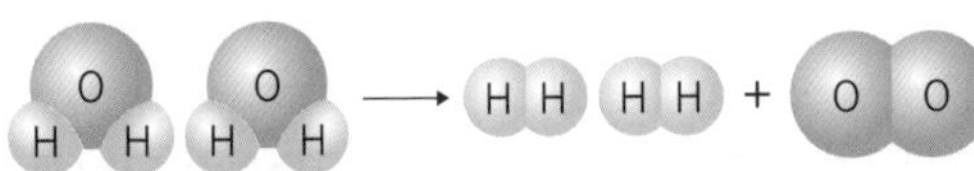

13 ① $2H_2O$
② $2H_2$

解説 2個の水分子は $2H_2O$、2個の水素分子は $2H_2$ である。

★□14 酸化銀(Ag_2O)を熱すると、銀(Ag)ができ、酸素(O_2)が発生する。次の①、②をうめて、このときの化学反応式を完成させよ。

(①) ⟶ 4Ag ＋ (②)

14 ① $2Ag_2O$
② O_2

解説 ⟶の右側の4Agより、⟶の左側は $2Ag_2O$ になる。

★□15 炭酸水素ナトリウム($NaHCO_3$)を加熱すると、炭酸ナトリウム(Na_2CO_3)と二酸化炭素(CO_2)と水(H_2O)ができる。次の(　　)をうめて、このときの化学反応式を完成させよ。

(　　) ⟶ Na_2CO_3 ＋ CO_2 ＋ H_2O

15 $2NaHCO_3$

思考力アップ！

Q フズリナの化石を含(ふく)んだ石灰岩(せっかいがん)の地層から、石灰岩(主成分は $CaCO_3$)を採取して持ち帰り、塩酸をかけると塩化カルシウム($CaCl_2$)と水とある気体が発生した。この化学変化について、次の①、②をそれぞれうめて、化学反応式を完成させなさい。 [岡山]

$CaCO_3$ ＋ [①] ⟶ $CaCl_2$ ＋ H_2O ＋ [②]

A ① **2HCl**　② **CO_2**

解説 石灰岩に塩酸をかけると、二酸化炭素が発生する。塩酸は塩化水素の水溶液(すいようえき)のことであり、塩化水素の化学式はHCl、二酸化炭素の化学式は CO_2 なので、①にはHCl、②には CO_2 があてはまるが、そのままでは右辺のほうが左辺よりも水素原子(H)と塩素原子(Cl)が1個ずつ多い。よって、①を2HClとして、化学変化の前後で原子の種類と数が等しくなるようにする。

物質が結びつく化学変化

中2　重要度

酸素と結びつく化学変化

□ 1 右図のようなプラスチックの袋(ふくろ)に、水素と酸素を入れ、電気の火花で点火すると袋は一気にしぼんだ。この実験では、何ができるか。

□ 2 1に塩化コバルト紙をつけると、塩化コバルト紙の色はどうなるか。

★□ 3 水素と酸素が反応して水ができるようすを原子・分子のモデルで表すと、次の**ア**～**ウ**のどれになるか。

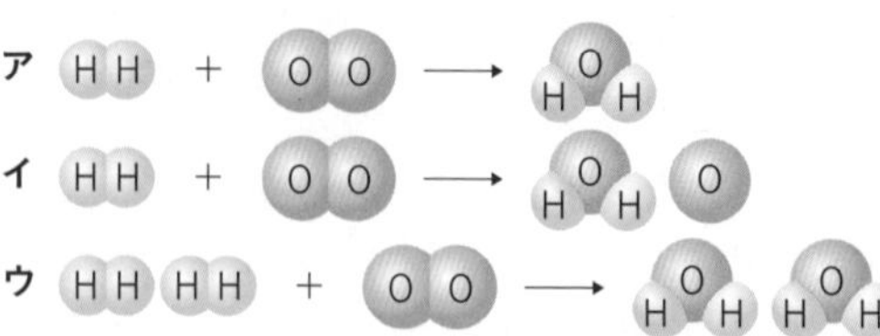

★□ 4 水素と酸素が反応して水ができる。このときの化学反応式を、①、②をうめて完成させよ。

$2H_2$ ＋（　①　）⟶（　②　）

★□ 5 水のように、2種類以上の原子が結びついてできた物質を何というか。

硫黄と結びつく化学変化

★□ 6 鉄粉と硫黄(いおう)の粉末をよく混ぜ合わせて試験管に入れ、右図のように熱すると、混合物が赤くなって反応し、黒色の物質ができた。黒色の物質は何か。

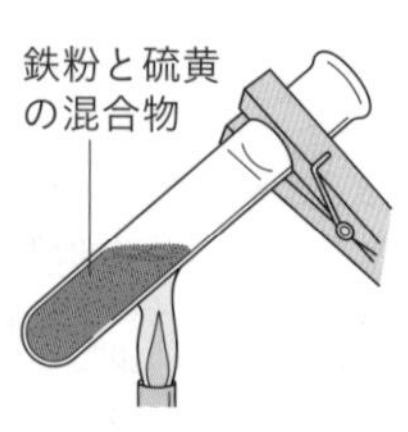

1 **水**

2 **青色から赤(桃(もも))色に変わる**

3 **ウ**

解説　⟶の左側と右側の水素原子と酸素原子の数は等しくなる。酸素は、酸素原子2個が結びついて酸素分子となる。

4 ① $\mathbf{O_2}$
② $\mathbf{2H_2O}$

5 **化合物**

6 **硫化鉄(りゅうかてつ)**

☆□7 6でできた黒色の物質にうすい塩酸を加えると、どんな気体が発生するか、次の**ア**～**ウ**から選べ。

ア よく燃える軽い気体

イ 石灰水(せっかいすい)を白くにごらせる気体

ウ においの強い気体

□8 鉄粉にうすい塩酸を加えると、どんな気体が発生するか、7の**ア**～**ウ**から選べ。

☆□9 6でできた黒色の物質は磁石につくか。

□10 鉄粉は磁石につくか。

☆□11 鉄(Fe)と硫黄(いおう)(S)が反応して硫化鉄(FeS)ができる。このときの化学反応式を、①、②をうめて完成させよ。

Fe ＋（ ① ）⟶（ ② ）

7 **ウ**

解説 硫化水素(りゅうかすいそ)という有毒な気体が発生する。

8 **ア**

解説 水素が発生する。

9 **つかない**

10 **つく**

11 ① **S**

② **FeS**

生物 地学 化学 物理

記述力アップ！

Ⓠ 鉄粉と硫黄をよく混ぜ合わせた混合物を試験管に入れ、図のような装置で混合物の上部を加熱した。混合物の上部が赤くなったところで加熱をやめた。化学反応は加熱をやめたあとも進み、鉄粉と硫黄はすべて反応して黒色の固体ができた。この黒色の固体を少量とって別の試験管に入れ、うすい塩酸を数滴(すうてき)加えたところ、特有のにおいのある気体が発生した。この気体のにおいを安全に確認(かくにん)するためには、保護めがねの着用や十分な換気(かんき)を行う以外に、どのようにすればよいか、簡潔に答えなさい。 ［高知］

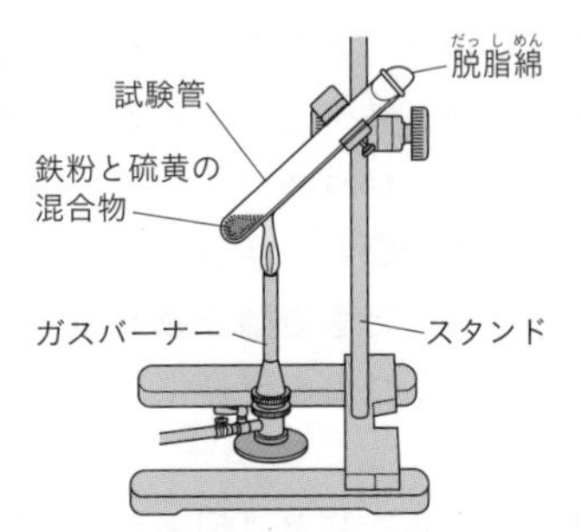

Ⓐ **試験管の口の近くを手であおぐようにし、気体のにおいを直接かがないようにする。**

解説 この実験で発生した特有のにおいのある気体は硫化水素で、有毒な気体である。このように、実験によっては有毒な気体が発生することがあるため、試験管に鼻を近づけてにおいを直接かいではいけない。また、加熱をやめたあとも反応が進んだのは、反応時に多量の熱が発生し、その熱で次々と反応が起こったためである。

5 酸化と還元、化学変化と熱

中2　重要度

酸化

□1 スチールウールの質量をはかってから、右図のように空気中でよく燃やした。燃やしたあとの質量は、燃やす前に比べてどうなったか。

□2 1のようになった理由は何か。

□3 燃やしたあと、スチールウールは何という物質に変化したか。

□4 3の物質に電流は流れるか。

□5 この実験では、次のような変化が起こっている。①、②にあてはまる物質名を答えよ。

鉄 ＋（ ① ）⟶（ ② ）

□6 物質が酸素と結びつく化学変化を何というか。

□7 6によってできた物質を何というか。

□8 物質が、熱や光を出しながら激しく酸化することを何というか。

□9 金属の表面が、空気や水に触(ふ)れて、おだやかに反応してできた酸化物を何というか。

□10 マグネシウムの燃焼によってできる物質を何というか。

□11 10でできた物質は何色か。

□12 炭素が酸化されてできる物質を何というか。

□13 有機物は燃焼すると、二酸化炭素と水ができる。有機物は何と何を含(ふく)んでいるか。

□14 有機物のメタンの燃焼は、次のように表せる。化学反応式を①、②をうめて完成させよ。

メタン ＋ 酸素 ⟶ 二酸化炭素 ＋ 水

CH_4 ＋ $2O_2$ ⟶ （ ① ）＋（ ② ）

---

1 増加した

2 空気中の酸素と結びついたから

3 酸化鉄

解説 スチールウールは鉄でできている。

4 流れない

5 ① 酸素
② 酸化鉄

6 酸化

7 酸化物

8 燃焼(ねんしょう)

9 さび

10 酸化マグネシウム

11 白色

12 二酸化炭素

13 炭素と水素

解説 水素が酸化されると水になる。

14 ① CO_2
② $2H_2O$

還元、化学変化と熱

□15 黒色の酸化銅と炭素粉末を混ぜ合わせて、右図の装置で熱すると、気体が発生して石灰水（せっかいすい）が白くにごった。発生した気体は何か。

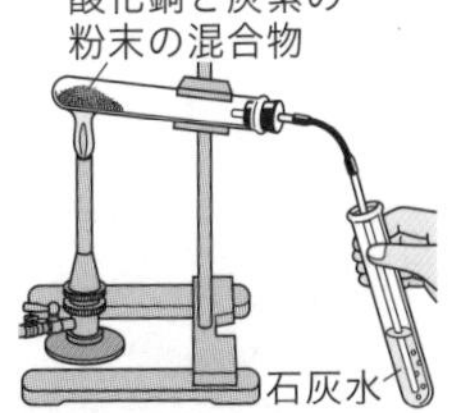

□16 上の実験で、試験管に残った赤い物質をこすると、赤い物質はどうなったか。

□17 16の赤い物質は何か。

★□18 この実験では、酸化銅(CuO)と炭素(C)が反応して銅(Cu)と二酸化炭素(CO_2)ができた。このときの化学反応式を、①、②をうめて完成せよ。

$2CuO + (\ ①\ ) \longrightarrow (\ ②\ ) + CO_2$

★□19 酸化物から酸素をとり除く化学変化を何というか。

★□20 化学変化が起こるとき、温度が上がる反応を何というか。

★□21 化学変化が起こるとき、温度が下がる反応を何というか。

15 **二酸化炭素**

16 **金属光沢（こうたく）が生じた**

17 **銅**

18 ① **C**
② **2Cu**

解説 ⟶の左側にCuが2個あるので、②は2Cuである。

19 **還元（かんげん）**

解説 酸化と還元は同時に起こる。

20 **発熱反応**

21 **吸熱反応**

思考力アップ！

Q 右図のように、集気びんに鉄粉5g、活性炭粉末2g、食塩水数滴（すうてき）を入れ、ガラス棒でかき混ぜながら温度を測定した。この実験で温度はどのように変化するか。また、この化学変化を利用しているものは何か。組み合わせとして最も適当なものを、表の**ア**～**エ**から選びなさい。

	温度変化	利用例
ア	上がる	マッチ
イ	上がる	使い捨てカイロ
ウ	下がる	ドライアイス
エ	下がる	冷却（れいきゃく）パック

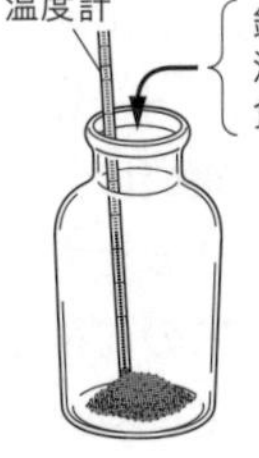

[沖縄]

A **イ**

解説 この実験では、鉄が空気中の酸素と反応して発熱し、温度が上がる(発熱反応)。

月　日

化学変化と物質の質量

中2　重要度

化学変化と質量の変化

□1 右図のように、うすい塩酸と炭酸水素ナトリウムを、密閉した容器内で、容器をかたむけて混ぜ合わせ、反応させると気体が発生した。発生した気体は何か。

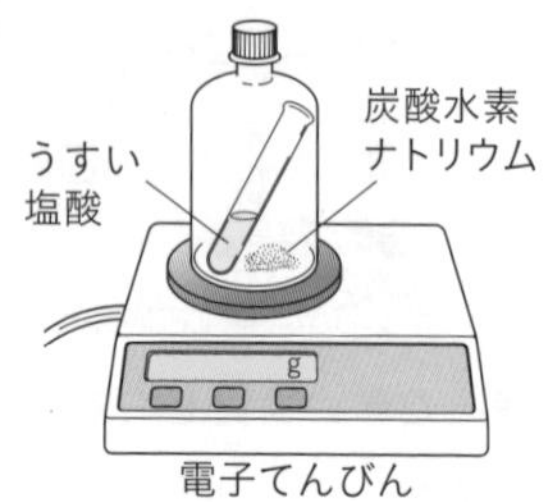

□2 この実験で反応後の全体の質量は、反応前の全体の質量と比べてどのようになっているか。

★□3 化学変化の前後で全体の質量が変化しないことを、何の法則というか。

□4 次の文の①～③にあてはまる語句を答えよ。

3の法則が成り立つのは、化学変化の前後で物質をつくる原子の(　①　)が変わっても、(　②　)と(　③　)は変わらないからである。

□5 次に、上図の容器のふたをゆるめた。全体の質量はどうなるか。

★□6 5のようになったのはなぜか。

★□7 1の反応における化学反応式を、①、②をうめて完成させよ。

$$(\ ①\ ) + HCl \longrightarrow (\ ②\ ) + CO_2 + H_2O$$

□8 うすい硫酸(りゅうさん)に、うすい塩化バリウム水溶液(すいようえき)を混ぜ合わせると生じる白い沈殿(ちんでん)は何か。

★□9 8の反応の前後で、物質全体の質量はどのようになっているか。

□10 氷がとけて水になるときなど、物質が状態変化をするときは体積が変化する。このとき、全体の質量はどうなるか。

---

1 二酸化炭素

2 変わらない

3 質量保存の法則

4 ① 組み合わせ
② 種類
③ 数
(②と③は順不同)

5 減少する

6 発生した気体が空気中に逃(に)げたから

7 ① $NaHCO_3$
② $NaCl$

8 硫酸バリウム

9 変わらない

10 変わらない

解説 質量保存の法則は状態変化など、物質の変化すべてに成り立つ。

反応する物質の割合

□11 銅の粉末を空気中で熱し、すべて反応させて酸化銅をつくった。右図のグラフは、熱した銅の質量とできた酸化銅の質量との関係を表している。

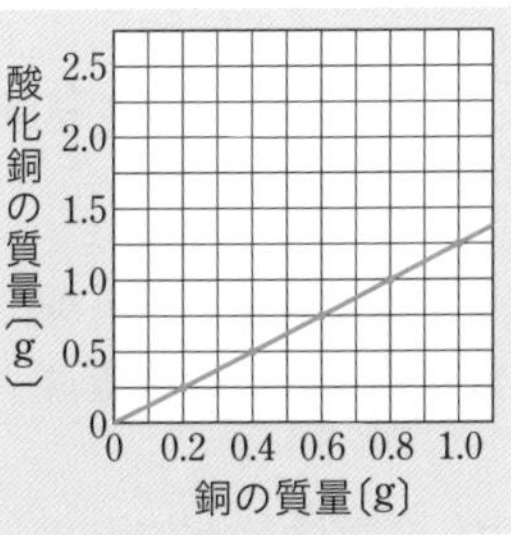

銅の質量と酸化銅の質量との間には、どのような関係があるといえるか。

□12 このグラフで、銅 0.4 g、銅 0.8 g から酸化銅がそれぞれ何 g できたか。

□13 12で、銅 0.4 g、銅 0.8 g はそれぞれ何 g の酸素と反応したか。

☆□14 銅の質量と反応する酸素の質量との間には、どのような関係があるといえるか。

☆□15 13から、銅と酸素が反応するときの質量の比を、最も簡単な整数比で答えよ。

☆□16 銅 1.6 g を空気中で熱し、すべてを酸素と反応させたとき、銅は何 g の酸素と反応するか。

11 **比例(の関係)**

12 銅 0.4 g **0.5 g**
銅 0.8 g **1.0 g**

13 銅 0.4 g **0.1 g**
銅 0.8 g **0.2 g**

解説 0.5−0.4＝0.1
1.0−0.8＝0.2

14 **比例(の関係)**

15 **4：1**

16 **0.4 g**

解説 1.6：x＝4：1
$4x$＝1.6
x＝0.4

思考力アップ！

Q 右図は、鉄粉の質量と、それに対して過不足なく反応する硫黄(いおう)の質量の関係を表したグラフである。鉄粉 9.8 g と硫黄 3.6 g の混合物を加熱して反応させたとき、反応によってできた鉄と硫黄の化合物は何 g ですか。 ［高知］

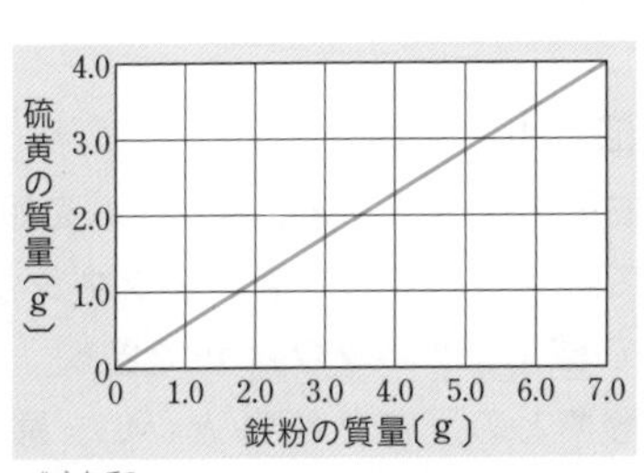

A **9.9 g**

解説 反応によってできる鉄と硫黄の化合物は、硫化鉄(りゅうかてつ)である。グラフから、鉄粉と硫黄は 7：4 の質量比で反応する。硫黄 3.6 g と反応する鉄粉は、$3.6\times\frac{7}{4}=6.3$〔g〕なので、できた硫化鉄は、3.6＋6.3＝9.9〔g〕である。

化学 図表でチェック ❷ 中2

問題 図や表を見て、＿＿にあてはまる語句や数値を答えなさい。

1 熱による分解

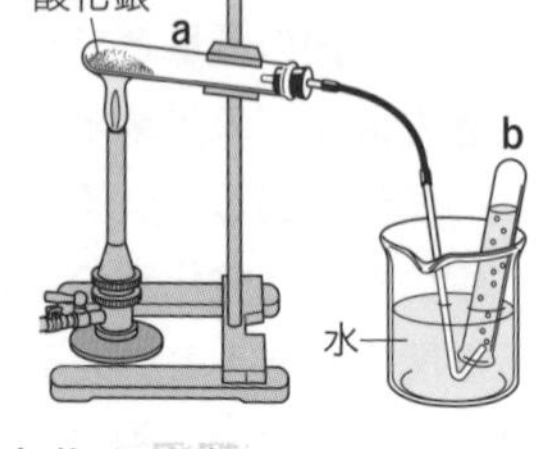

□(1) 右図のように、酸化銀を試験管 a に入れて加熱すると、白っぽい物質が残る。この物質は **銀** である。

□(2) 加熱すると **酸素** が発生して試験管 b にたまる。たまった気体に火のついた線香（せんこう）を入れると、炎（ほのお）を出して **激しく燃える** 。

□(3) 1種類の物質が2種類以上の物質に分かれる変化を **分解** といい、もとの物質とは違（ちが）う別の物質ができる変化を **化学変化(化学反応)** という。

2 硫黄（いおう）との反応

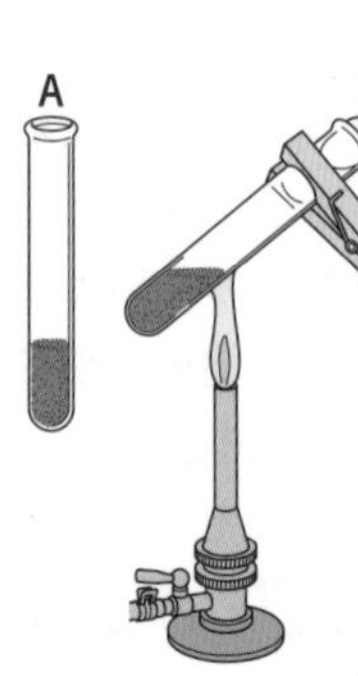

□(1) 右図のA、B 2つの試験管の中に、鉄と硫黄の粉末をよく混ぜて入れた。Aの試験管の中にうすい塩酸を加えると、**水素** が発生した。

□(2) Aの試験管では、塩酸が **鉄** と化学反応した。

□(3) Bの試験管を加熱すると、鉄と硫黄の混合物は **硫化鉄**（りゅうかてつ） に変化した。この物質にうすい塩酸を加えると、においの強い気体が発生した。

3 酸　化

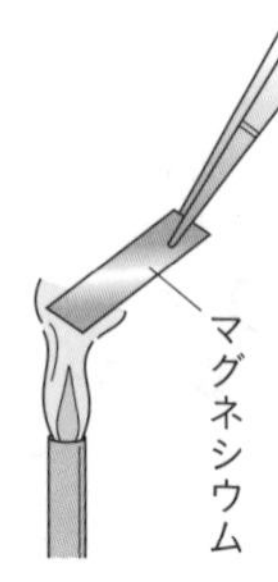

□(1) 右図のように、マグネシウムを加熱すると、光を出して燃える。このとき、マグネシウムが **酸素** と反応して **酸化マグネシウム** ができる。

□(2) 酸素との反応を **酸化** といい、酸素と反応してできる物質を **酸化物** という。

□(3) 酸化のうち、光や熱を出しながら激しく酸素と反応するものを **燃焼**（ねんしょう） という。

4 還元

□(1) 右図のように、酸化銅と炭素の粉末をよくかき混ぜ、試験管に入れて加熱した。この実験で発生した気体aは 二酸化炭素 である。

□(2) 加熱して反応が終わったあと、火を消す前にガラス管を石灰水の中から出し、石灰水の 逆流 を防ぐ。

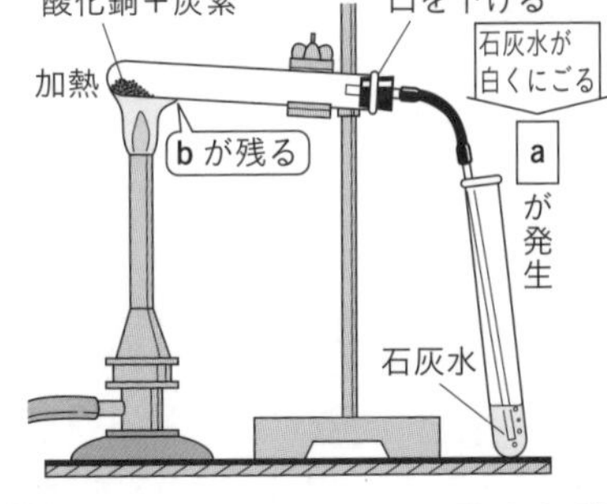

□(3) 反応後、試験管内に残った物質bは 銅 である。このように、酸素と結びついてできた物質から酸素をとり除く化学変化を 還元 という。

5 反応する物質の割合

□(1) 銅を熱すると、酸素と反応して酸化銅ができる。右図より、1.2 g の銅をすべて酸化銅にするために必要な酸素の質量は、

1.5 −1.2＝ 0.3〔g〕

□(2) 1.2 g のマグネシウムをすべて酸化マグネシウムにするために必要な酸素の質量は、

2.0 −1.2＝ 0.8〔g〕

□(3) (2)より、マグネシウムと酸素の質量の比は、

1.2：0.8 ＝ 3 ： 2

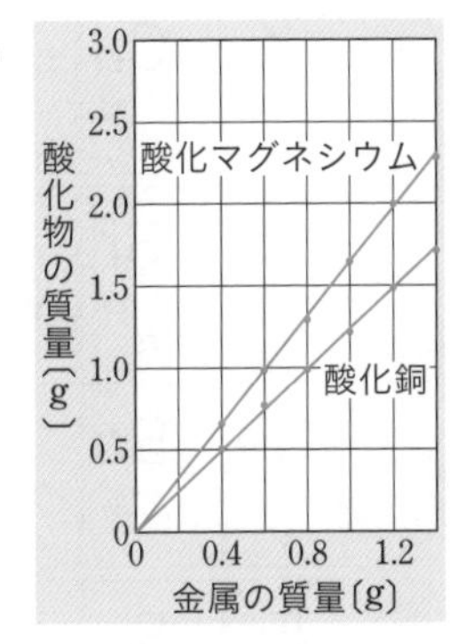

6 よく出る化学反応式

□表の空欄をうめて化学反応式を完成させよ。

反応名	化学反応式
酸化銀の熱分解	$2Ag_2O \longrightarrow 4Ag + O_2$
鉄と硫黄の反応	$Fe + S \longrightarrow FeS$
マグネシウムの燃焼	$2Mg + O_2 \longrightarrow 2MgO$
酸化銅の還元	$2CuO + C \longrightarrow 2Cu + CO_2$
銅の酸化	$2Cu + O_2 \longrightarrow 2CuO$
炭酸水素ナトリウムの熱分解	$2NaHCO_3 \longrightarrow Na_2CO_3 + CO_2 + H_2O$

7 周期表

□(1) 周期表の空欄(くうらん)にあてはまる元素記号や原子名を答えよ。

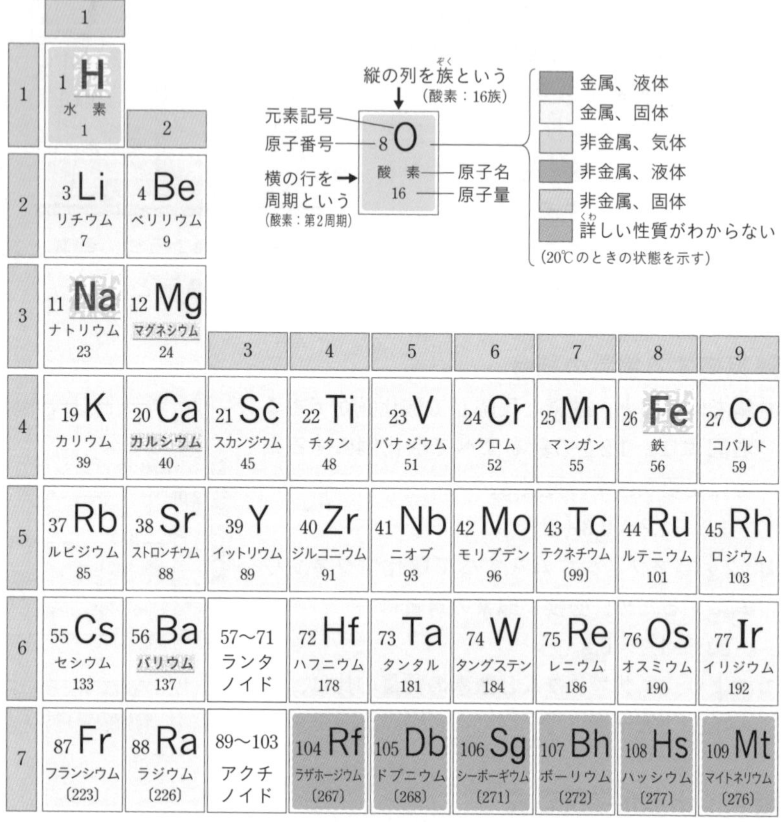

周期	1	2	3	4	5	6	7	8	9
1	1 H 水素 1								
2	3 Li リチウム 7	4 Be ベリリウム 9							
3	11 Na ナトリウム 23	12 Mg マグネシウム 24							
4	19 K カリウム 39	20 Ca カルシウム 40	21 Sc スカンジウム 45	22 Ti チタン 48	23 V バナジウム 51	24 Cr クロム 52	25 Mn マンガン 55	26 Fe 鉄 56	27 Co コバルト 59
5	37 Rb ルビジウム 85	38 Sr ストロンチウム 88	39 Y イットリウム 89	40 Zr ジルコニウム 91	41 Nb ニオブ 93	42 Mo モリブデン 96	43 Tc テクネチウム (99)	44 Ru ルテニウム 101	45 Rh ロジウム 103
6	55 Cs セシウム 133	56 Ba バリウム 137	57～71 ランタノイド	72 Hf ハフニウム 178	73 Ta タンタル 181	74 W タングステン 184	75 Re レニウム 186	76 Os オスミウム 190	77 Ir イリジウム 192
7	87 Fr フランシウム (223)	88 Ra ラジウム (226)	89～103 アクチノイド	104 Rf ラザホージウム (267)	105 Db ドブニウム (268)	106 Sg シーボーギウム (271)	107 Bh ボーリウム (272)	108 Hs ハッシウム (277)	109 Mt マイトネリウム (276)

※ランタノイド、アクチノイドに属する元素は省略している。

□(2) 物質をつくっている、それ以上分けることができない最小の粒子(りゅうし)を **原子** といい、物質を構成している **原子** の種類を **元素** という。

□(3) 原子は種類によって、**大きさ** や **質量** が決まっている。

□(4) 原子はなくなったり、新しくできたり、ほかの種類の原子に変わったり **しない** という性質がある。

□(5) いくつかの原子が結びついてできており、物質の性質を決める最小の粒子を **分子** という。

各原子の原子量は、炭素原子 1 個の質量を12とすることを基準として、その基準との相対的な質量をおよその値で表したものである。

10	11	12	13	14	15	16	17	18
								2 He ヘリウム 4
			5 B ホウ素 11	6 C 炭素 12	7 N 窒素 14	8 O 酸素 16	9 F フッ素 19	10 Ne ネオン 20
			13 Al アルミニウム 27	14 Si ケイ素 28	15 P リン 31	16 S 硫黄 32	17 Cl 塩素 35	18 Ar アルゴン 40
28 Ni ニッケル 59	29 Cu 銅 64	30 Zn 亜鉛 65	31 Ga ガリウム 70	32 Ge ゲルマニウム 73	33 As ヒ素 75	34 Se セレン 79	35 Br 臭素 80	36 Kr クリプトン 84
46 Pd パラジウム 106	47 Ag 銀 108	48 Cd カドミウム 112	49 In インジウム 115	50 Sn スズ 119	51 Sb アンチモン 122	52 Te テルル 128	53 I ヨウ素 127	54 Xe キセノン 131
78 Pt 白金 195	79 Au 金 197	80 Hg 水銀 201	81 Tl タリウム 204	82 Pb 鉛 207	83 Bi ビスマス 209	84 Po ポロニウム (210)	85 At アスタチン (210)	86 Rn ラドン (222)
110 Ds ダームスタチウム (281)	111 Rg レントゲニウム (280)	112 Cn コペルニシウム (285)	113 Nh ニホニウム (278)	114 Fl フレロビウム (289)	115 Mc モスコビウム (289)	116 Lv リバモリウム (293)	117 Ts テネシン (293)	118 Og オガネソン (294)

□(6) 周期表の元素記号の左下に書いてある数字で、原子の種類を表すのに用いられる番号を **原子番号** という。

□(7) 周期表は、1869 年にロシアの科学者 **メンデレーエフ** によって原型がつくられ、縦の並びには **性質** の似た元素が配列されている。

□(8) 原子の質量はとても小さいので、原子の質量を比べるときには、各原子のおよその質量の比を表した **原子量** が用いられる。原子量が 12 の **炭素** の質量は、原子量が 1 の **水素** の質量の **12** 倍である。

月　日

1 水溶液とイオン

中3　重要度

電流が流れる水溶液とイオン

□1 砂糖水、エタノール水溶液(すいようえき)、食塩水、塩酸のうち、電流が流れるものをすべて答えよ。

1 食塩水、塩酸

□2 水にとかしたとき、水溶液に電流が流れる物質を何というか。

2 電解質

□3 水にとかしても、水溶液に電流が流れない物質を何というか。

3 非電解質

□4 右図のような装置で塩化銅水溶液に電圧を加えると、電流が流れて、陰極(いんきょく)の表面に赤色の物質が付着した。この物質は何か。

4 銅

解説 こすると金属光沢(こうたく)が見られる。

□5 この装置の陽極には気体が発生し、プールの消毒剤(しょうどくざい)のようなにおいがした。この気体は何か。

5 塩素

□6 塩化銅水溶液中には、電気を帯びた粒子(りゅうし)が散らばっている。このような粒子を何というか。

6 イオン

□7 次の文の①、②にあてはまる語句を答えよ。

＋の電気を帯びた粒子を(　①　)、－の電気を帯びた粒子を(　②　)という。

7 ① 陽イオン
② 陰イオン

□8 電解質が水にとけて陽イオンと陰イオンに分かれることを何というか。

8 電離(でんり)

□9 塩化銅の電離を次のように表すとき、(　　)にあてはまる語句を答えよ。

塩化銅 ⟶ (　　　) ＋ 塩化物イオン

9 銅イオン

原子の構造

□10 右図はヘリウム原子の構造を表したもので、原子は **a** と **b** からできている。原子の中心にある **a** は何か。

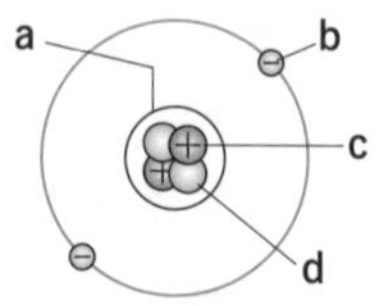

10 原子核(げんしかく)

□11 aのまわりに存在するbは何か。

□12 aは原子の中心にあり、＋の電気を帯びたcと電気を帯びていないdからできている。c、dはそれぞれ何か。

□13 原子は、ふつう全体として電気を帯びているか、それとも帯びていないか。

□14 同じ元素でも、中性子の数が異なる原子を何というか。

11 電子

12 c 陽子
d 中性子

13 帯びていない

解説 原子の中では、陽子の数と電子の数が等しいため。

14 同位体

イオンの表し方

★□15 水素原子(H)が電子を1個失ってできる、水素イオンを化学式で表せ。

★□16 マグネシウムイオンは、マグネシウム原子(Mg)が電子を2個失ってできる。マグネシウムイオンを化学式で表せ。

★□17 次の①、②を化学式でうめて、塩化ナトリウム(NaCl)の電離(でんり)を表す式を完成させよ。

NaCl ⟶ (①) ＋ (②)
陽イオン　　陰イオン

15 H^+

解説 陽イオンとなる。

16 Mg^{2+}

17 ① Na^+
② Cl^-

生物　地学　化学　物理

思考力アップ！

Q 図のような装置を用いて、塩化銅水溶液(すいようえき)に一定時間電流を流すと、電極Mの表面に赤色の銅が付着し、電極N付近から刺激臭(しげきしゅう)のある気体Xが発生した。その後、電源装置と電極の接続を、電極Mと電極Nが逆になるようにつなぎかえて、同様の方法で実験を行った。このとき、次の文の①、②にあてはまる語句を答えなさい。 ［愛媛］

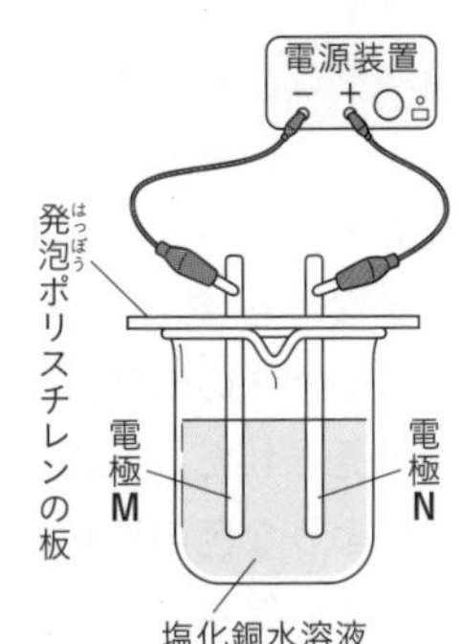

銅が付着したのは、電極 ① の表面で、その電極は、 ② 極である。

A ① N　② 陰

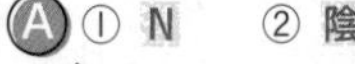

解説 電極をつなぎかえても、銅が付着するのは陰極(いんきょく)で、電源装置の－端子(たんし)につないでいる電極である。陰極の表面では、銅イオンが電子を受けとって銅になる。

月　日

2 化学変化と電流の発生

中3　重要度

イオンへのなりやすさ

□ 1 金属イオンへのなりやすさを調べるため、下図のように、マイクロプレートの縦の列に同じ種類の金属板、横の列に同じ種類の水溶液を入れた。図の1～9のうち、反応が見られたものをすべて答えよ。

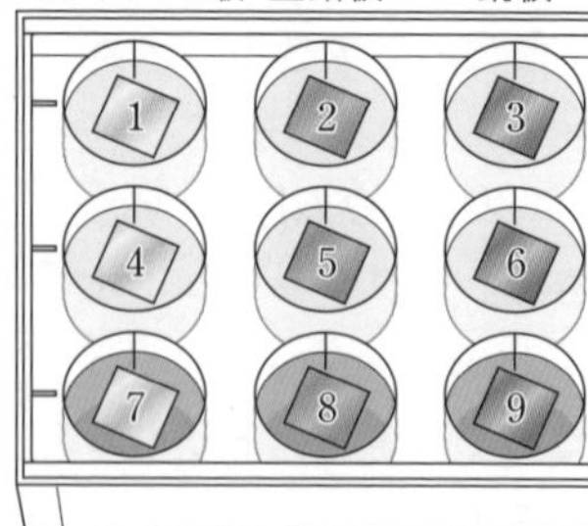

□ 2 図の7と8の金属板に付着した物質は何色か。

□ 3 2の物質は何か。

★□ 4 図の8で、亜鉛板に起こった化学変化をイオンと電子 e^- を使った化学反応式で表せ。

□ 5 硫酸銅は、水溶液中でどのように電離しているか、イオンを使った化学反応式で表せ。

★□ 6 図の8で、銅イオンに起こった化学変化をイオンと電子 e^- を使った化学反応式で表せ。

□ 7 図の7と8の硫酸銅水溶液は、しだいに色の変化が見られた。どのように変化したか。

★□ 8 7のような色の変化が見られたのはなぜか。

★□ 9 図の4の結果から、亜鉛とマグネシウムでは、どちらがイオンになりやすいといえるか。

★□ 10 図の8の結果から、亜鉛と銅では、どちらがイオンになりやすいといえるか。

1 4、7、8

解説 これらでは、金属板がうすくなり、金属板に物質が付着する。

2 赤色

3 銅

解説 図の4の金属板には灰色の亜鉛が付着する。

4 $Zn \rightarrow Zn^{2+} + 2e^-$

5 $CuSO_4 \rightarrow Cu^{2+} + SO_4^{2-}$

6 $Cu^{2+} + 2e^- \rightarrow Cu$

7 青色がうすくなった

8 水溶液中の銅イオンが減少したから

9 マグネシウム

10 亜鉛

解説 図の7の結果から、銅よりマグネシウムのほうがイオンになりやすいといえる。よって、イオンへのなりやすさは、

Mg>Zn>Cu

の順である。

化学変化と電池

□11 化学エネルギーを電気エネルギーに変換する装置を何というか。

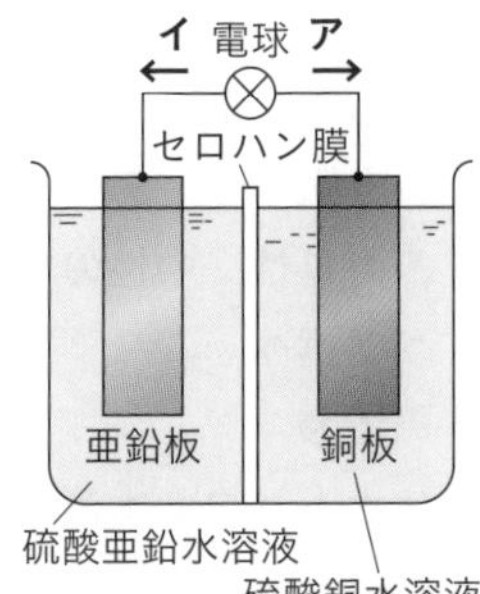

☆□12 右図のように、硫酸亜鉛水溶液に亜鉛板を、硫酸銅水溶液に銅板を入れて、セロハン膜で仕切った装置に導線で電球をつなぐと、電球が光った。亜鉛板に起こった化学変化をイオンと電子 e^- を使った化学反応式で表せ。

☆□13 12で、銅板の表面で起こった化学変化をイオンと電子 e^- を使った化学反応式で表せ。

□14 図で、－極になるのは亜鉛板と銅板のどちらか。

☆□15 図で、電流の流れる向きは**ア**と**イ**のどちらか。

☆□16 水の電気分解とは逆の化学変化を利用して電気エネルギーをとり出す電池を何というか。

□17 鉛蓄電池は、長時間使用すると電圧が低下するが、外部から逆向きの電流を流すと電圧がもとにもどる。この操作を何というか。

11 **電池(化学電池)**

12 **$Zn \rightarrow Zn^{2+} + 2e^-$**

13 **$Cu^{2+} + 2e^- \rightarrow Cu$**

14 **亜鉛板**

解説 イオンになりやすいほうの金属が－極になる。

15 **イ**

解説 電子の流れる向きの逆が、電流の流れる向きである。

16 **燃料電池**

解説 水素と酸素の化学変化を利用する。

17 **充電**

記述力アップ！

Q 図のようにダニエル電池とモーターをつないだところ、モーターが回った。次に、図のセロハンチューブをビニール袋にかえると、モーターは回らず、電流は流れなかった。その理由を、「イオン」という言葉を用いて簡単に答えなさい。［岩手］

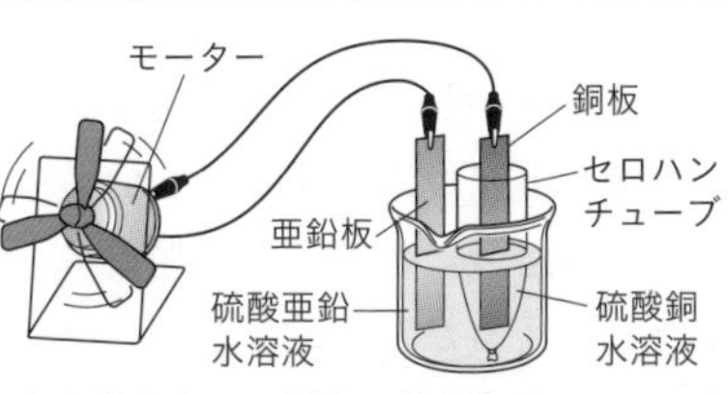

A **電流を流すために必要なイオンがビニール袋を通過できず、移動できないから。**

解説 ビニール袋はイオンを通さないため、電流が流れない。セロハンチューブは、2種類の水溶液が混ざるのを防いでいるが、イオンなどの小さい粒子は通過できる。

月　日

3 酸・アルカリの性質とイオン

中3　重要度

酸性・アルカリ性

□ 1 次のア～エの水溶液(すいようえき)を用意して、酸性、アルカリ性、中性の水溶液の性質を調べた。ア～エの水溶液のうち、酸性、アルカリ性、中性の水溶液はどれか、それぞれすべて選べ。

ア 食塩水　**イ** うすい塩酸

ウ 砂糖水　**エ** 水酸化ナトリウム水溶液

1 酸性 **イ**
アルカリ性 **エ**
中性 **ア、ウ**

★□ 2 リトマス紙に水溶液をつけると、リトマス紙が次のように変化をするのは、何性の水溶液か。

① 青色リトマス紙を赤色に変える。

② 赤色リトマス紙を青色に変える。

2 ① **酸性**
② **アルカリ性**

★□ 3 次の水溶液にBTB溶液を1滴(てき)加えると、BTB溶液は何色になるか。

① 酸性の水溶液　② アルカリ性の水溶液

3 ① **黄色**
② **青色**

解説 BTB溶液の色は、中性の水溶液では緑色になる。

★□ 4 アルカリ性の水溶液にフェノールフタレイン溶液を加えると、何色になるか。

4 **赤色**

!□ 5 マグネシウムリボンを入れると気体を発生するのは、何性の水溶液か。

5 **酸性**

解説 このとき、水素が発生する。

★□ 6 1のア～エの水溶液のうち、電流が流れるのはどれか、すべて答えよ。

6 **ア、イ、エ**

□ 7 水酸化ナトリウム NaOH は水にとかすと、$NaOH \longrightarrow Na^{+} + OH^{-}$ のように電離(でんり)する。水酸化ナトリウムは電解質といえるか。

7 **いえる**

□ 8 中性の水溶液にとけている物質は、すべて電解質だといえるか。

8 **いえない**

解説 酸性とアルカリ性の水溶液にとけている物質はすべて電解質である。

□ 9 酸性やアルカリ性の強さを表す数値のことを、アルファベット2文字で何というか。

9 **pH**

□ 10 中性を表す9の数値を答えよ。

10 **7**

□ 11 10よりもpHが小さいのは、何性の水溶液か。

11 **酸性**

酸性・アルカリ性とイオン

12 右図のように、青色リトマス紙の中央にうすい塩酸をつけると赤色のしみができた。電圧を加えると、赤色のしみは陰極、陽極のどちらに移動するか。

電源装置　陰極　青色リトマス紙　陽極　食塩水で湿らせたろ紙　スライドガラス

13 次の①、②を化学式でうめて、塩化水素の電離のようすを表す式を完成させよ。

HCl ⟶ （ ① ）＋（ ② ）
陽イオン　陰イオン

14 13より、酸性を示すのは何イオンといえるか。

15 12の実験を、塩酸を水酸化ナトリウム水溶液に、青色リトマス紙を赤色リトマス紙にかえて行った。赤色リトマス紙につけたしみは陰極、陽極のどちらに移動するか。

16 次の（　）を化学式でうめて、水酸化ナトリウムの電離のようすを表す式を完成させよ。

NaOH ⟶ Na^+ ＋（　　）

12 陰極

13 ① H^+
② Cl^-

14 水素イオン

解説 陰極に向かって移動するのは陽イオンのH^+である。

15 陽極

16 OH^-

解説 OH^-を水酸化物イオンという。アルカリ性を示すのは、陰イオンであるOH^-である。

生物　地学　化学　物理

記述力アップ！

Q 塩化ナトリウム水溶液で湿らせたろ紙をスライドガラスにのせ、図のような装置をつくり、電圧を加えてリトマス紙の色の変化を観察した。下線部について、純粋な水ではなく塩化ナトリウム水溶液でろ紙を湿らせた理由を答えなさい。[山形]

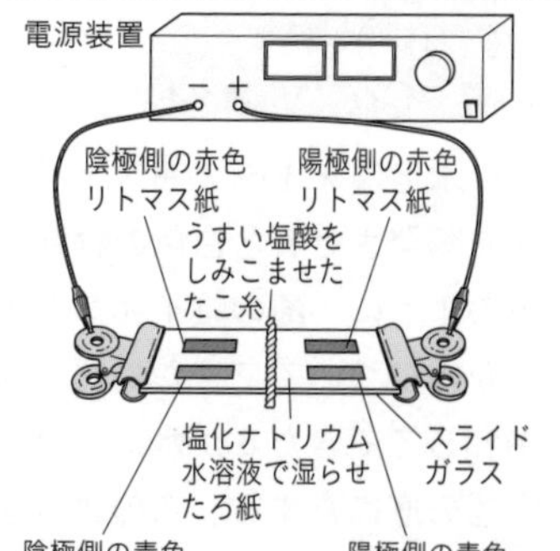

A 電流を流れやすくするため。

解説 純粋な水だけでは電流が流れにくいため、電解質を加えている。電解質にはリトマス紙の色を変えない中性の水溶液を用いる。また、この実験では、塩酸が電離して生じる水素イオンが陰極側へ移動するため、陰極側の青色リトマス紙がしだいに赤色に変化する。

月　日

4 中和と塩

中3　重要度

中和と塩

□ 1 右図のように、うすい塩酸に緑色のBTB溶液(ようえき)を数滴(すうてき)加えた。水溶液の色は何色になるか。

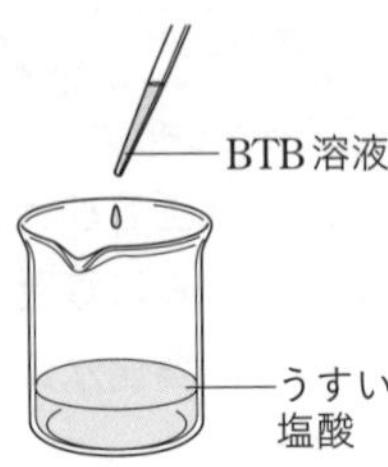

□ 2 塩酸の中に生じているイオンは何と何か、化学式で答えよ。

□ 3 1の水溶液に水酸化ナトリウム水溶液を少しずつ加えていくと、水溶液の色は緑色になった。

① 水酸化ナトリウム水溶液の中に生じているイオンは何と何か。化学式で答えよ。

② 緑色になったときの水溶液の性質は何性か。

★□ 4 酸の水素イオンとアルカリの水酸化物イオンが結びついて水をつくり、互(たが)いの性質を打ち消し合う。この反応を何というか。

★□ 5 4の反応を表した式を、次の①、②をうめて完成させよ。

(①) ＋ (②) ⟶ H_2O
陽イオン　　陰(いん)イオン

□ 6 3の水溶液を1～2滴スライドガラスにとり、水を蒸発させると白色の物質が残った。この物質のように、酸の陰イオンとアルカリの陽イオンが結びついてできた物質を何というか。

□ 7 中和してできた6が水にとけにくい物質のとき、容器の底にたまる。このような、容器の底にたまる現象や、たまる物質そのものを何というか。

□ 8 酸とアルカリが完全に中和したときの性質で、酸性でもアルカリ性でもない性質を何というか。

1 黄色

解説 BTB溶液の色は、酸性では黄色になる。

2 H^+、Cl^-

3 ① Na^+、OH^-

② 中性

解説 BTB溶液の色が緑色のとき、水溶液は中性である。

4 中和

5 ① H^+

② OH^-

6 塩(えん)

解説 この白い物質は塩化ナトリウムの結晶(けっしょう)である。

7 沈殿(ちんでん)

8 中性

いろいろな塩

9 右図のように、うすい硝酸(しょうさん)にうすい水酸化カリウム水溶液(すいようえき)を加えた。

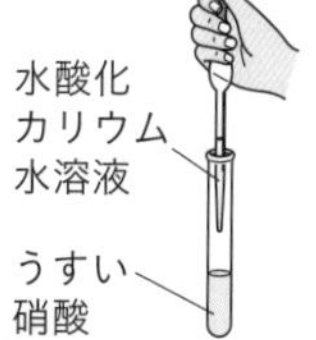

① 硝酸(HNO_3)の電離(でんり)を表す式を、(　)をうめて完成させよ。

$HNO_3 \longrightarrow$ (　　) + NO_3^-

② 水酸化カリウム(KOH)の電離を表す式を、(　)をうめて完成させよ。

$KOH \longrightarrow K^+$ + (　　)

10 9のときに起こっている化学変化を表す化学反応式を、(　)をうめて完成させよ。

$HNO_3 + KOH \longrightarrow KNO_3$ + (　　)

11 うすい硫酸(りゅうさん)(H_2SO_4)にうすい水酸化バリウム($Ba(OH)_2$)水溶液を加えたときに起こる化学変化を表す化学反応式を、(　)をうめて完成させよ。

$H_2SO_4 + Ba(OH)_2 \longrightarrow$ (　　) + $2H_2O$

9 ① H^+

② OH^-

解説 硝酸は酸性、水酸化カリウム水溶液はアルカリ性である。

10 H_2O

解説 KNO_3 は硝酸カリウムといい、水にとける塩である。

11 $BaSO_4$

解説 $BaSO_4$ は硫酸バリウムといい、水にとけない塩で、沈殿(ちんでん)する。

生物 地学 化学 物理

思考力アップ!

Q 試験管にうすい水酸化ナトリウム水溶液とBTB溶液を加え、うすい塩酸を少量ずつ加えたところ、3 mL加えたときに水溶液が緑色に変わった。さらに塩酸を加えると、水溶液は黄色になった。塩酸を少量ずつ加えたときの、試験管中のイオンの総数の変化を表すグラフを、右の**ア**～**ウ**から選びなさい。ただし、水分子は電離しないものとする。[佐賀－改]

ア

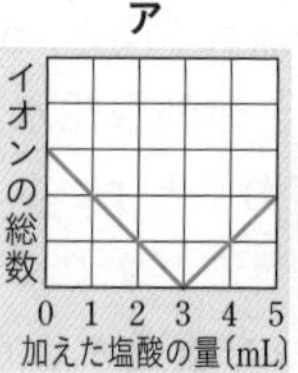

イ

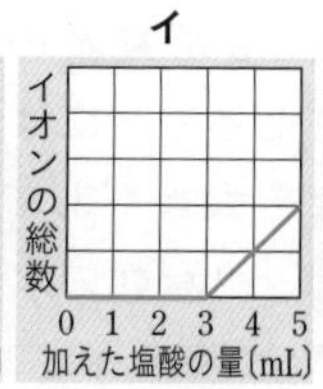

ウ

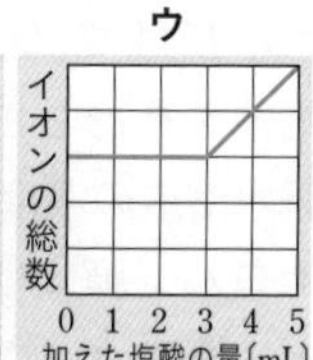

A **ウ**

解説 すべての水酸化ナトリウムが中和するまでは、水溶液中の OH^- は塩酸の H^+ と反応して水になることで減少するが、その分、塩酸の Cl^- が加わるので、イオンの総数は変化しない。中和したあとは、加えた塩酸の分、イオンの総数は増加する。

化学　図表でチェック ❸　中3

問題　図や表を見て、＿＿にあてはまる語句を答えなさい。

1 イオン

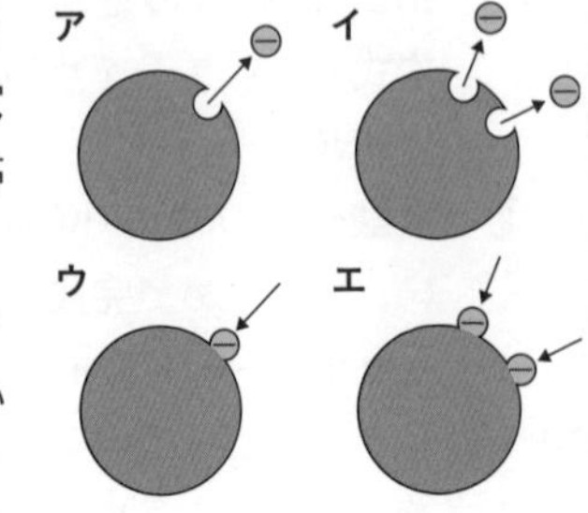

□(1) 原子が電子を失って、＋(プラス)の電気を帯びた粒子を **陽イオン** といい、原子が電子を受けとって、－(マイナス)の電気を帯びた粒子を **陰イオン** という。

□(2) 右図の**ア**～**エ**で、ナトリウム原子がナトリウムイオンになるようすを正しく表している図は **ア** である。

□(3) ナトリウムイオンを化学式で表すと、Na^{+} になる。

2 ダニエル電池

□(1) 右図のような電池を **ダニエル電池** という。亜鉛板の表面では、亜鉛 **原子** が電子を2個 **失って** 、亜鉛 **イオン** になる。電子は導線を通って銅板に移動する。銅板の表面では、水溶液中の銅 **イオン** が電子を2個 **受けとって** 、銅 **原子** になる。

□(2) 亜鉛板が **－** 極、銅板が **＋** 極である。

□(3) 電流の流れる向きは、電子の流れる向きと **反対** で、図の**a**が **電流** の流れる向き、**b**が **電子** の流れる向きである。

□(4) 電池を長持ちさせるためには、硫酸亜鉛水溶液の濃度を **小さく** 、硫酸銅水溶液の濃度を **大きく** しておくとよい。

□(5) セロハン膜には、２種類の水溶液がすぐに **混ざらない** ようにする役割と、**亜鉛** イオンと **硫酸** イオンを通過させて、電気的なかたよりができるのを防ぐ役割がある。セロハン膜のかわりに **素焼き** の板を用いることもできる。セロハン膜をプラスチックの板にかえると、**イオン** が移動できなくなるので、電流は **流れなく** なる。

3 電解質と非電解質

□(1) 右図のような装置をつくり、ステンレス電極の先にいろいろな水溶液(すいようえき)をつけて、電流が流れるかを調べた。水にとけて酸性を示す物質と、水にとけてアルカリ性を示す物質は、水溶液にすると電流が **流れる** ので、ともに **電解質** である。

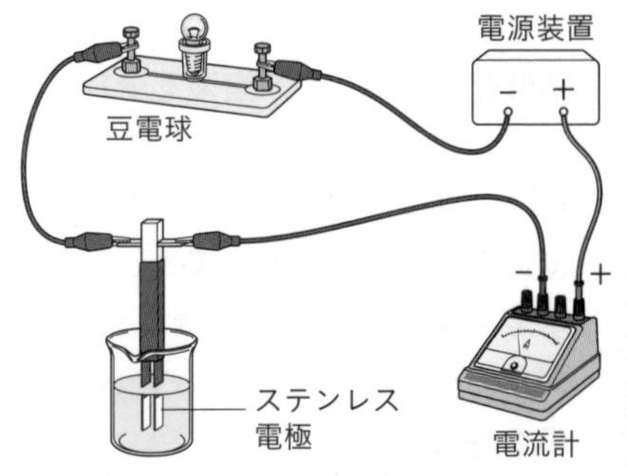

□(2) 食塩水と砂糖水はいずれも中性の水溶液である。中性の水溶液には、電解質のものと非電解質のものがあり、塩化ナトリウムは **電解質** 、砂糖は **非電解質** である。

□(3) 純粋(じゅんすい)な水、エタノール、塩酸、水酸化ナトリウム水溶液、塩化銅水溶液に電流が流れるか、図の装置で調べた。このうち、豆電球が光らなかったのは、**純粋な水** と **エタノール** である。

□(4) 電解質の固体に、図のステンレス電極をあてると、豆電球は **光らない** 。

□(5) 調べる水溶液をかえるときは、これから調べる水溶液に、前に調べた水溶液が混ざらないようにするため、電極を **純粋な水** で洗う。

4 酸性・アルカリ性

□表の空欄(くうらん)にあてはまる語句を答えよ。

	うすい塩酸	食塩水	うすい水酸化ナトリウム水溶液
BTB溶液	**黄色**	**緑色**	**青色**
フェノールフタレイン溶液	無　色	無　色	**赤色**
青色リトマス紙	青色 → **赤色**	変化しない	変化しない
赤色リトマス紙	変化しない	変化しない	赤色 → **青色**
スチールウールを入れる	**水素** が発生	変化しない	変化しない
pHの値	7より **小さい**	7	7より **大きい**
水溶液の性質	**酸性**	**中性**	**アルカリ性**

5 中和と塩

□(1) 右図のように、BTB 溶液を加えたうすい塩酸に水酸化ナトリウム水溶液を少しずつ加えていく実験をした。うすい塩酸の中に生じているイオンは **H^+** と Cl^-、水酸化ナトリウム水溶液の中に生じているイオンは Na^+と **OH^-** である。

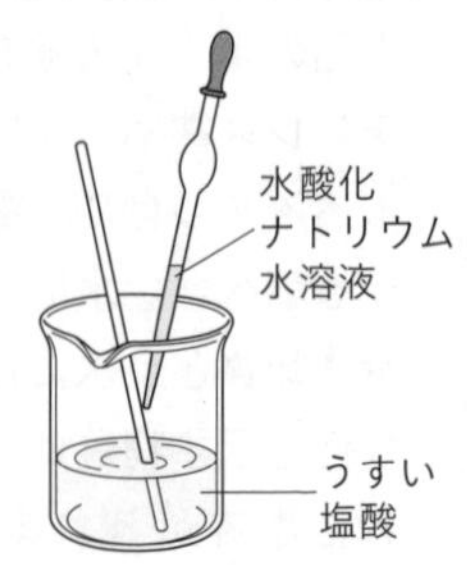

□(2) 水溶液中では、酸の水素イオンとアルカリの **水酸化物イオン** が結びついて **水** ができる。この反応を **中和** という。

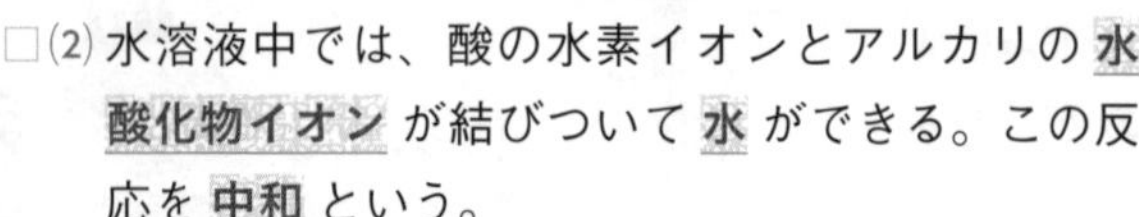

□(3) この実験で、中和した水溶液から水を蒸発させると白色の物質が残る。この物質は、**塩化ナトリウム** である。酸の陰イオンとアルカリの陽イオンが結びついてできた物質を **塩** という。

6 よく出る化学反応式

□表の空欄をうめて化学反応式を完成させよ。

反応名	化学反応式
塩化銅水溶液の電気分解	$CuCl_2 \longrightarrow Cu + Cl_2$
塩酸の電気分解	$2HCl \longrightarrow H_2 + Cl_2$
塩化水素の電離	$HCl \longrightarrow H^+ + Cl^-$
水酸化ナトリウムの電離	$NaOH \longrightarrow Na^+ + OH^-$
硫酸銅の電離	$CuSO_4 \longrightarrow Cu^{2+} + SO_4^{2-}$
ダニエル電池の亜鉛板の表面で起こる反応	$Zn \longrightarrow Zn^{2+} + 2e^-$
ダニエル電池の銅板の表面で起こる反応	$Cu^{2+} + 2e^- \longrightarrow Cu$
塩酸と水酸化ナトリウム水溶液の中和	$HCl + NaOH \longrightarrow NaCl + H_2O$
硫酸と水酸化バリウム水溶液の中和	$H_2SO_4 + Ba(OH)_2 \longrightarrow BaSO_4 + 2H_2O$

PHYSICS

第1章｜光・音・力 …… 136

第2章｜電　流 …… 148

第3章｜運動とエネルギー …… 160

第4章｜科学技術と人間 …… 172

光の反射と屈折

中1　重要度

光の反射

□1 太陽や電灯、ろうそくのように、自ら光を出すものを何というか。	1 光源
□2 光がまっすぐ進むことを何というか。	2 (光の)直進
★□3 光が物体にあたり、はね返ることを何というか。	3 (光の)反射
□4 鏡にあたった光の進路を表した右図で、鏡に反射する前の光Aを何というか。	4 入射光
□5 図で、鏡に反射したあとの光Bを何というか。	5 反射光
★□6 図で、鏡の面に垂直な線Cと入射光との間にできる角aを何というか。	6 入射角
★□7 図で、鏡の面に垂直な線Cと反射光との間にできる角bを何というか。	7 反射角
★□8 図のaとbの大きさの関係を式に表せ。	8 a＝b
□9 8の関係を、何の法則というか。	9 (光の)反射の法則
★□10 右図のように、鏡にうつる物体をAの位置から見たとき、物体はア～ウのどの位置にあるように見えるか答えよ。	10 ウ 解説 鏡の面に対して、もとの物体と対称(たいしょう)の位置にあるように見える。
□11 鏡の前に立つと、自分が鏡の奥(おく)にいるように見える。このように、そこに実際にはないのに、あるように見えるものを何というか。	11 像
□12 鏡にうつる11は、実物と比べて左右は同じ向きか、反対向きか。	12 反対向き
□13 表面が凸凹(でこぼこ)の物体にあたった光があらゆる方向へはね返る現象を何というか。	13 乱反射
!□14 虹(にじ)は太陽の光が、目に見える光に帯状に分かれたものである。この目に見える光を何というか。	14 可視光線

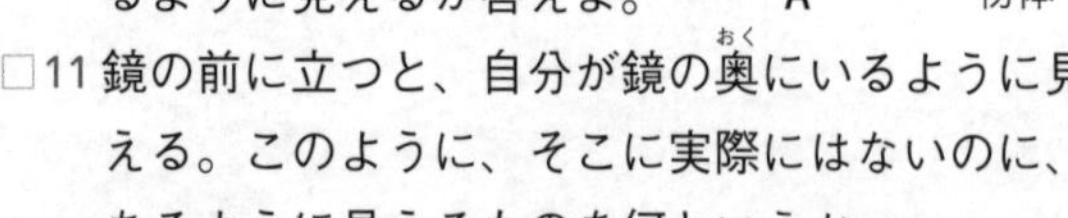

光の屈折

15 右図のように、光が空気中から透明なガラスへ進むとき、少し折れ曲がって進む。このような現象を何というか。

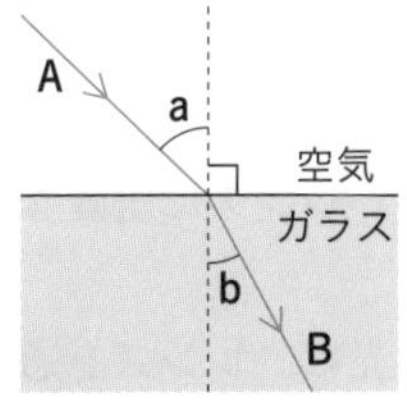

16 図で、光Aと光Bをそれぞれ何というか。

17 図で、角aと角bをそれぞれ何というか。

18 右の図Aのように、光が空気中から水中へ進むとき、光が進む向きを、ア～ウから選べ。

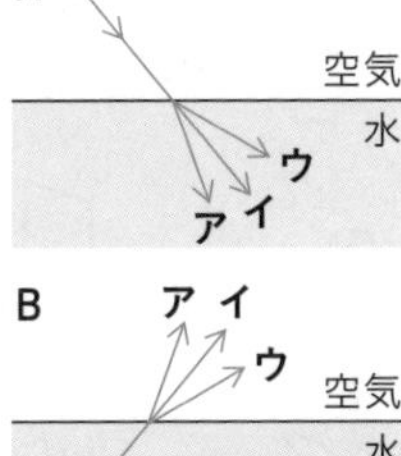

19 右の図Bのように、光が水中から空気中へ進むとき、光が進む向きを、ア～ウから選べ。

20 光が水中から空気中へと進むとき、入射角を大きくしていくと、ある角度以上では、境界面ですべての光が反射するようになる。この現象を何というか。

15 (光の)屈折

16 A 入射光
B 屈折光

17 a 入射角
b 屈折角

18 ア
解説 空気中から水中へ進むとき、屈折角は入射角より小さい。

19 ウ
解説 水中から空気中へ進むとき、屈折角は入射角より大きい。

20 全反射

思考力アップ！

Q 図のように、横幅1mの鏡5枚と、ア～エの位置にろうそくを置く。このとき、ユウキさんが鏡で見ることができるろうそくはどれか、図のア～エからすべて選びなさい。ただし、どの鏡を用いてもよいこととする。 ［島根］

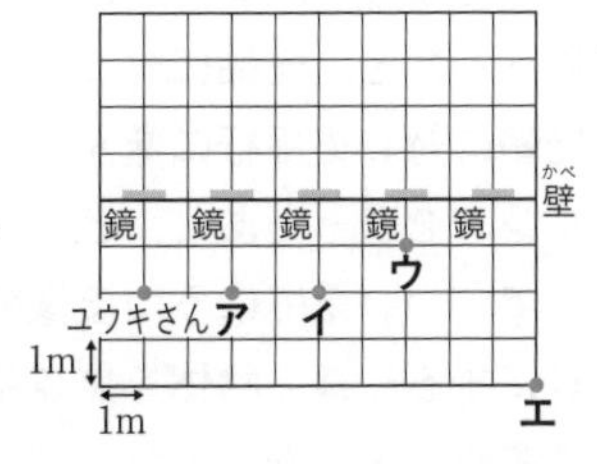

A イ、ウ

解説 ア～エの位置のろうそくを鏡で見ることができた場合、鏡のある壁に対して対称の位置にそれぞれの像があるように見える。像ができる位置とユウキさんを結んだ直線が、左から2番目の鏡を通るイと中央の鏡を通るウはユウキさんから見ることができるが、どの鏡も通らないアとエは見ることができない。

凸レンズと像

中1　重要度 ★★★

凸レンズのはたらき

□ 1 凸レンズの中心を通り、レンズに垂直な線を何というか。

1 光軸(凸レンズの軸)

★□ 2 1に対して平行に進む光は、レンズを通ると屈折して1点に集まる。この点を何というか。

2 焦点

★□ 3 凸レンズの中心から2までの距離を何というか。

3 焦点距離

★□ 4 下図のように、物体(電球)、凸レンズ、ついたてを一直線に並べてついたてを動かすと、ついたてに像がうつった。

物体(電球)　凸レンズ　ついたて

① この像は、物体と上下・左右がどのようにうつるか。

② この像がうつったのは、物体を焦点の外側に置いたときか、内側に置いたときか。

4 ① 逆向き　② 外側

解説 物体を焦点の外側に置いたとき、ついたても焦点の外側に置くと像がうつる。

□ 5 凸レンズの中心を通る光は、レンズを通ったあと、どのように進むか。

5 直進する

□ 6 焦点を通って凸レンズに入った光は、レンズを通ったあと、光軸に対してどのように進むか。

6 平行

□ 7 光軸に対して平行に進んでレンズに入った光は、レンズを通ったあと、どのように進むか。

7 焦点を通る

★□ 8 4で、ついたてにうつる像の大きさを物体と同じにするには、物体を焦点距離の何倍のところに置くとよいか。

8 2倍

解説 このとき、像は、焦点距離の2倍の位置にできる。

!□ 9 4で用いた凸レンズを厚く、膨らみ方の大きいものに交換すると、焦点距離は長くなるか、短くなるか。

9 短くなる

凸レンズでできる像

☆ 10 右図のように、凸(とつ)レンズなどを通った光が実際に集まってできる像を何というか。

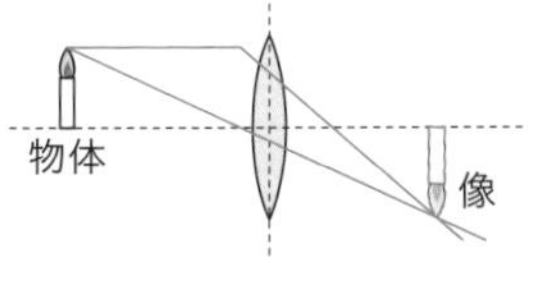

☆ 11 右図は、物体を凸レンズの焦点(しょうてん)の内側に置いたときの光の進むようすを表している。このとき、何という像ができるか。

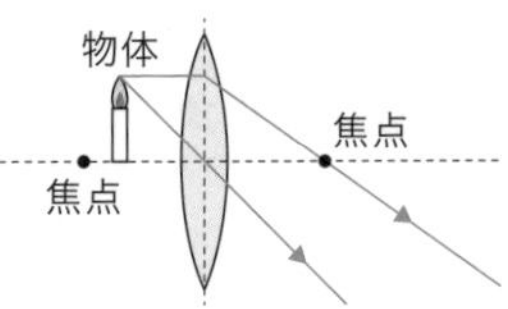

12 ルーペで見る像と鏡で見る像は、それぞれ実像と虚像のどちらか。

☆ 13 物体を凸レンズの焦点の外側に置き、物体を少しずつ焦点に近づけていくと、像の大きさはどうなるか。

☆ 14 13のとき、像の位置と凸レンズとの距離(きょり)はしだいにどうなるか。

10 実像

11 虚像(きょぞう)

解説 物体の反対側から凸レンズをのぞくと、物体より大きい虚像が見える。

12 ルーペ 虚像
鏡 虚像

13 大きくなる

14 長くなる

記述力アップ!

Q 図１のような装置を組み立て、物体に空いたＬ字形のすきまから出た光がつくる物体の像について調べたところ、スクリーンに実像ができた。次に、図２のように光を通さない黒い紙で凸レンズの一部を覆(おお)った。このときにスクリーンにできた実像は、黒い紙で凸レンズの一部を覆う前にスクリーンにできた実像と比較(ひかく)してどのような違(ちが)いがあるか、像の明るさと形に注目して答えなさい。 ［大阪ー改］

図１

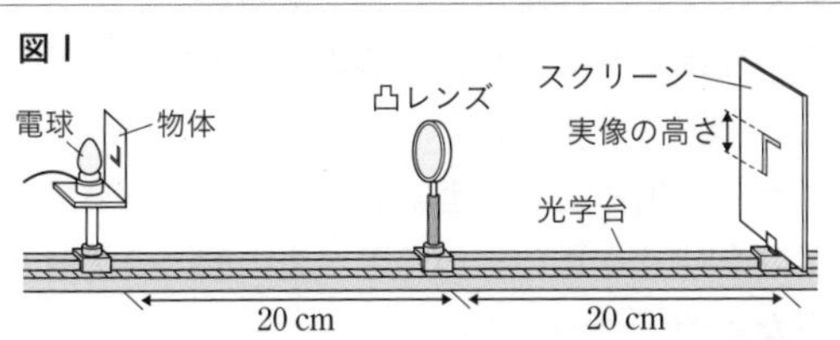

図２

A **像全体が暗くなったが、像は欠けなかった。**

解説 物体からはさまざまな方向に光が出るので、実像は欠けることなく全体がスクリーンにうつる。しかし、凸レンズを通る光の量は少なくなるので、実像は暗くなる。

月　日

3 音の性質

中Ⅰ　重要度

音の伝わり方

□1 振動(しんどう)して音を出しているものを何というか。	1 音源(発音体)
□2 音楽の演奏を聞くとき、1の振動は、何を振動させて耳に伝わるか。	2 空気
□3 音のように、振動が次々に伝わる現象を何というか。	3 波
□4 右図のように、同じ高さの音が出るおんさA、Bを並べて置き、Aをたたくと、Bはどうなるか。	4 鳴る
□5 4のあと、おんさAを手でおさえた。おんさAの音はどうなるか。	5 止まる
□6 5のとき、おんさBの音はどうなるか。	6 鳴り続ける
□7 次の文の①、②にあてはまる語句を答えよ。 図の2つのおんさA、Bの間に板を置き、Aをたたくと、板があることで空気の(　①　)が伝わりにくくなるため、Bの鳴る音は4に比べて(　②　)なる。	7 ① 振動 ② 小さく
□8 ブザーが鳴っている容器の中の空気を、真空ポンプを使ってぬいていくと、音の聞こえ方はどうなるか。	8 聞こえにくくなる
★□9 8で、容器の中の空気がなくなると、音の聞こえ方はどうなるか。	9 聞こえなくなる 解説 音を伝える空気がなくなったため。
□10 水の中でも音を聞くことができる。これは何が耳に音を伝えているからか。	10 水
★□11 音は空気中では秒速約340 mで伝わる。花火が見えてから3秒後に音が聞こえたとき、花火は約何m離(はな)れたところで、打ち上げられたか。	11 約1020 m 解説 340×3＝1020〔m〕

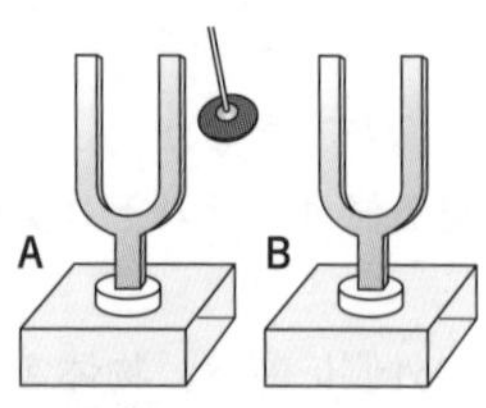

音の大小と高低

☆ □12 音源の振動の幅を何というか。	12 振幅
□13 12が大きいほど、音の大きさはどうなるか。	13 大きくなる
□14 右図は、弦が振動しているモノコードを真上から見たようすを表している。音の高低に関係が深いのは、図にa、bで表されたもののうち、どちらか。	14 b 解説 aは振幅で、音の大小に関係する。
□15 図の弦を強くはじくほど、音はどうなるか。	15 大きくなる
☆ □16 図のbを長くするほど、高い音が出るか、低い音が出るか。	16 低い音
☆ □17 図のモノコードの弦を、同じ材質で細いものに変えると、音はどうなるか。	17 高くなる
☆ □18 1秒間に音源が振動する回数を何というか。	18 振動数
☆ □19 18が多いほど、音は高いか、低いか。	19 高い
□20 18の単位を何というか。	20 ヘルツ(Hz)

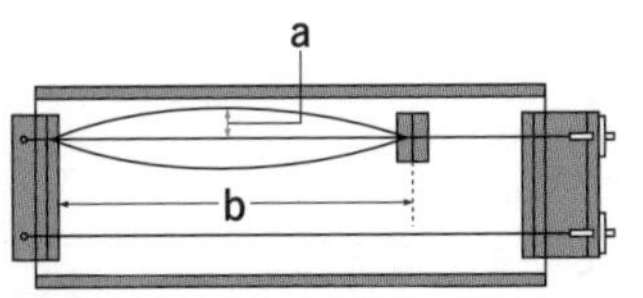

思考力アップ!

Q 表は、A～Cの3種類の音を、マイクロホンを通してそれぞれパソコンに記録し、波形で表したものである。A～Cの音のうち、音の高さが最も低いものはどれですか。また、その音の振動数は約何Hzか、最も適切なものを次のア～エから選びなさい。ただし、表において、縦軸と横軸の目盛りのとり方はすべて等しく、縦軸は振動の幅を、横軸は時間を表し、横軸の1目盛りは0.0004秒である。 [長野ー改]

	A	B	C
音の波形			

ア 約420Hz　**イ** 約625Hz　**ウ** 約835Hz　**エ** 約1250Hz

A 音の高さが最も低いもの A　振動数 イ

解説 音の高さが最も低いのは、振動数が最も少ないAである。Aは1回振動するのに、0.0004×4=0.0016〔秒〕かかるので、振動数は、$\frac{1}{0.0016}$=625〔Hz〕である。

力とその表し方

中1　重要度 ☐☐☐

力の表し方

□ 1 力には、次のア～ウのはたらきがある。①～③にあてはまる語句を答えよ。
ア　物体を(　①　)させる。
イ　物体の(　②　)のようすを変える。
ウ　物体を持ち上げたり、(　③　)たりする。

★□ 2 次の①～④は、1のア～ウの力のはたらきのうち、どのはたらきか答えよ。
①　机の上に置いた花びんは静止している。
②　両手でゴムのひもを引きのばした。
③　自転車に乗っていて、ブレーキをかけた。
④　ラケットでボールを打った。

★□ 3 地球上のすべての物体にはたらいている、地球の中心に向かう力を何というか。

□ 4 手に持っている石をはなすと、石は落下する。このとき、石に何という力がはたらいているか。

★□ 5 力は右図のように矢印を使って表すことができ、**A**～**C**は力の3つの要素を表している。**A**～**C**をそれぞれ何というか。

A
B
C

□ 6 右図の**D**と**E**の力は、力の向きが同じだが、作用点と何が違(ちが)うか。

D
E

□ 7 力の大きさの単位を答えよ。

★□ 8 1Nの力は、地球上で何gの物体にはたらく重力の大きさとほぼ等しいか。

□ 9 300gの物体にはたらく重力の大きさは何Nか。

□ 10 300gの物体を持ち上げるのに必要な力は何Nか。

---

1 ① 変形
② 運動
③ 支え

2 ① ウ
② ア
③ イ
④ イ

解説 ④は、ラケットでボールの運動の向きを変えている。

3 重力

解説 重力は、離(はな)れていてもはたらく力である。

4 重力

5 A 力の大きさ
B 力の向き
C 力のはたらく点(作用点)

6 力の大きさ

7 ニュートン(N)

8 100g

9 3N

10 3N

解説 100gの物体を持ち上げるのに必要な力が1Nである。

いろいろな力

- 11 引っ張られたゴムやばねのように、変形した物体がもとの形にもどろうとする性質を何というか。 — 11 弾性（だんせい）
- 12 力を加えられて変形した物体がもとの形にもどろうとして生じる力を何というか。 — 12 弾性力（弾性の力）
- ★13 物体が運動しているとき、物体と接しているほかの物体からその運動を妨（さまた）げようとする力がはたらく。この力を何というか。 — 13 摩擦力（まさつりょく）（摩擦の力）
- 14 磁石どうしに反発する力がはたらくのは、同じ極どうし、異なる極どうしのどちらを近づけたときか。 — 14 同じ極どうし
- 15 14のように、磁石にはたらく力を何というか。 — 15 磁力（磁石の力）
- 16 異なる種類の電気を帯びた２つの物体を近づけたとき、物体は引き合うか、それとも反発し合うか。 — 16 引き合う
- 17 16のように、電気を帯びた物体に生じる力を何というか。 — 17 電気力（電気の力）

思考力アップ！

Q 次の**ア〜オ**は、重力、弾性力、摩擦力、磁石の力、電気の力のいずれかの例である。**ア〜オ**のうち、物体どうしが離（はな）れていてもはたらく力を３つ選びなさい。

ア 持っているボールから手をはなすと、地面に落ちた。

イ スポンジを手で押（お）しつぶしたあと手をはなすと、もとの形にもどった。

ウ 自転車のブレーキをかけると、ゴムが車輪を押さえつけることで車輪の回転が妨げられ、自転車が減速した。

エ 髪（かみ）の毛をこすった下じきを蛇口（じゃぐち）から出ている水に近づけると、水が下じきに引き寄せられた。

オ クリップを磁石に近づけると、引き寄せられて磁石にくっついた。

A **ア、エ、オ**

解説 **ア**は重力、**イ**は弾性力、**ウ**は摩擦力、**エ**は電気の力、**オ**は磁石の力の例である。物体どうしが離れていてもはたらく力は、重力、電気の力、磁石の力の３つである。

月　　日

5 ばねののび、力のつり合い

中1　重要度

力の大きさとばねののび

☐1 右図は、あるばねに加えた力の大きさとばねののびとの関係を表したグラフである。力の大きさとばねののびとの間には、どのような関係があるか。

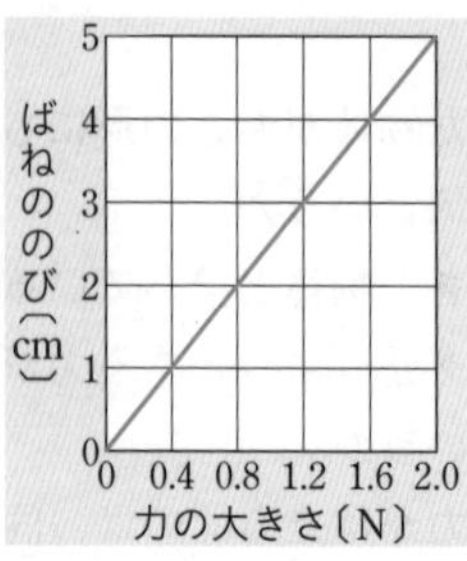

☐2 図で、このばねを1 cmのばすのに必要な力の大きさは何Nか。

☐3 図から、力の大きさが4.0 Nのとき、ばねののびは何cmと考えられるか。

☐4 図で、ばねののびが3.5 cmのとき、力の大きさは何Nか。

☐5 ばねののびは、ばねに加わる力の大きさに比例する。この関係を何の法則というか。

☐6 場所が変わっても変化しない、物質そのものの量を何というか。

☐7 ばねばかりではかることができるのは、重力の大きさと質量のどちらか。

☐8 上皿てんびんではかることができるのは、重力の大きさと質量のどちらか。

☐9 月面上での重力の大きさは、地球上の約$\frac{1}{6}$である。月面上で、600 gの物体をばねばかりではかるとき、ばねばかりは何Nを示すか。ただし、地球上で100 gの物体にはたらく重力の大きさを1 Nとする。

☐10 月面上で、600 gの物体を上皿てんびんではかる。何gの分銅とつり合うか。

---

1 比例（の関係）

2 0.4 N

3 10 cm

4 1.4 N

解説 ばねののびは、力の大きさに比例する。
0.4×3.5＝1.4〔N〕

5 フックの法則

6 質量

7 重力の大きさ

8 質量

9 1 N

解説 600 gの物体を地球上ではかると、ばねばかりは6 Nを示す。

10 600 g

解説 質量は、地球上でも月面上でも同じである。

2力のつり合い

□11 1つの物体に2つの力がはたらいてつり合っているとき、次の文の①〜③にあてはまる語句を答えよ。

2つの力の大きさは(①)、2つの力は(②)上にあり、力の向きは(③)である。

11 ① 等しく
② 一直線
③ 反対

□12 下図は、1つの物体にはたらく2つの力を矢印で表している。2つの力がつり合っているのは**ア**〜**ウ**のどれか。

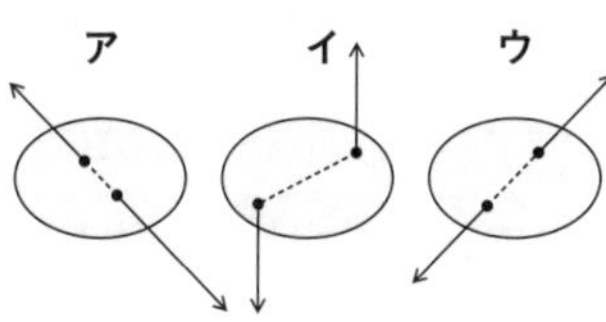

12 ウ

解説 アは2つの力の大きさが等しくない。イは2つの力が一直線上にない。

□13 右図のように机の上に置いて静止している物体がある。物体にはたらく重力を表す矢印は、**a**〜**c**のどれか。

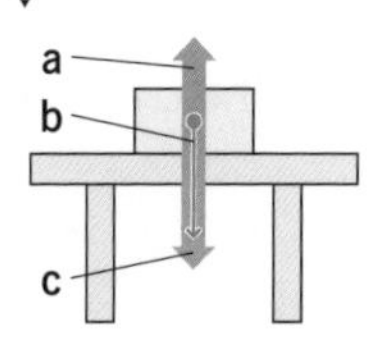

13 b

□14 図の物体が動かないのは、重力とつり合う力が物体に加わっているためである。何という力か。

14 垂直抗力(すいちょくこうりょく)

□15 14の力を表す矢印は、図の**a**〜**c**のどれか。

15 a

思考力アップ！

Q 図のように、質量を無視できるばねをおもりにつないで天井(てんじょう)からつるすと、ばねがのびておもりが床(ゆか)について静止した。矢印**A**〜**G**の力において、力のつり合いを表す組み合わせを、次の**ア**〜**カ**からすべて選びなさい。ただし、**E**はおもりにはたらく重力である。また、矢印の長さは、力の大きさに関係なく同じ長さで表している。[東大寺学園高一改]

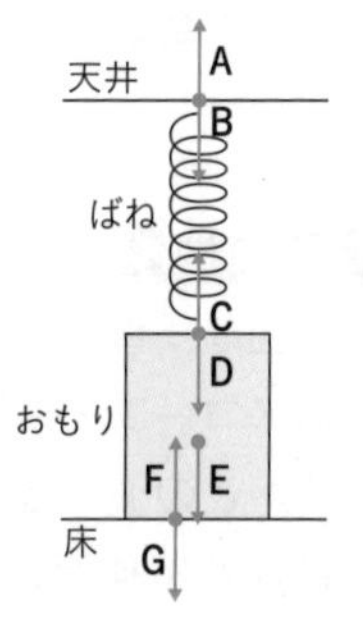

ア AとD　　**イ** BとC　　**ウ** EとF
エ CとEとG　　**オ** CとEとF　　**カ** DとEとF

A ア、オ

解説 1つの物体に2つ以上の力がはたらいていて、その物体が静止しているとき、これらの力はつり合っているという。ばねにはたらく力は天井からの**A**とおもりからの**D**であり、おもりにはたらく力はばねからの**C**と重力の**E**と床からの**F**である。

物理 図表でチェック ❶

中1

問題 図を見て、____にあてはまる語句や数値を答えなさい。

1 凸レンズでできる像

□(1) 右図で、焦点の位置は ア である。

□(2) 実像ができる位置は、図の イ で、物体と上下・左右 が 逆 の像ができる。

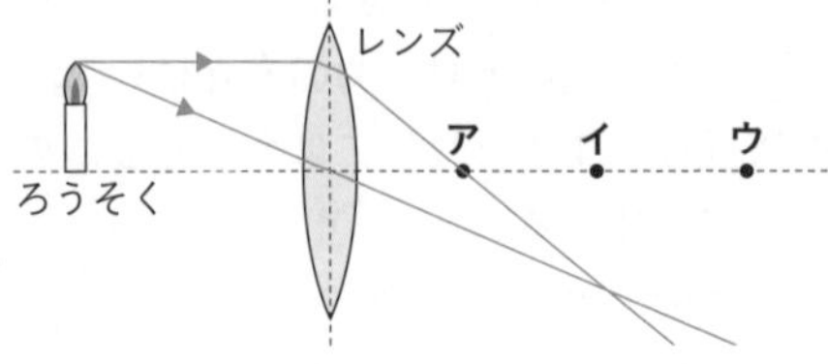

□(3) 物体を焦点距離の 2 倍の位置に置くと、物体と同じ大きさの像が焦点距離の 2 倍の位置にできる。

□(4) 物体を焦点の内側に置くと物体と同じ側に 虚像 ができる。

2 音の伝わり方

□(1) 右図のように、空気をぬいた容器の中でブザーを鳴らすと、ブザーの音は 聞こえない 。

□(2) ブザーの音は 空気 がなければ伝わらない。

□(3) 音は、空気のような 気体 だけではなく、水などの 液体 、金属などの 固体 の中も伝わる。

□(4) 音が空気中で伝わる速さは、秒速約 340 m である。

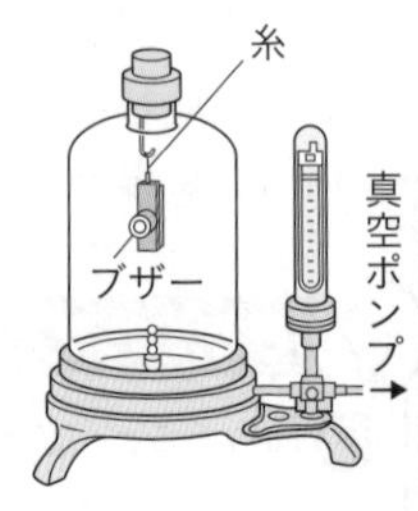

3 音の性質

□(1) 右図は、音源が振動して出した音を、オシロスコープで波形として表示したものである。この波のaの部分を 振幅 という。

□(2) 音源が1秒間に振動する回数を 振動数 といい、単位は ヘルツ(Hz) で表される。この回数が多いほど音は 高く なり、aが大きいほど音は 大きく なる。

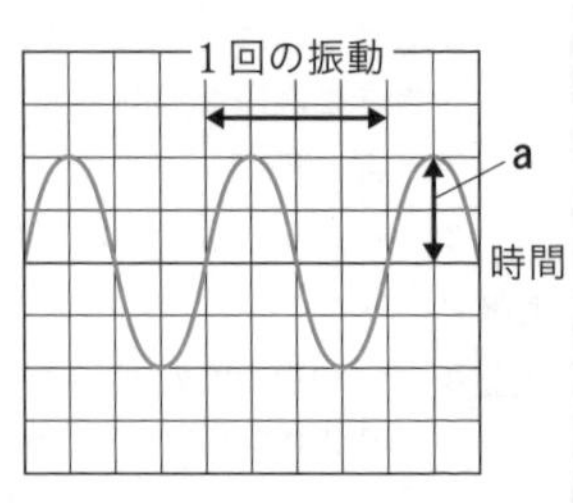

4 力の大きさとばねののび

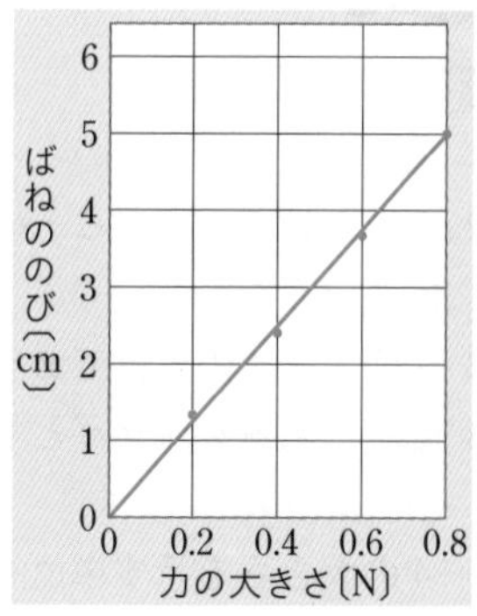

□(1) 右図は、あるばねに加えた力の大きさとばねののびとの関係を表したグラフである。ばねに加える力の大きさとばねののびは **比例** しており、このような関係を **フック** の法則という。

□(2) グラフより、ばねののびが **2.5** cm のとき、ばねにかかる力の大きさは 0.4 N であることから、ばねののびが 7.5 cm のとき、ばねにかかる力の大きさは **1.2** N と分かる。

5 いろいろな力

それぞれの図が示している力の名称(めいしょう)を答えよ。

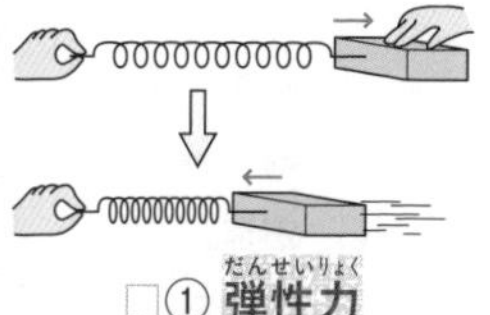

□① **弾性力**(だんせいりょく)

□② **電気力**

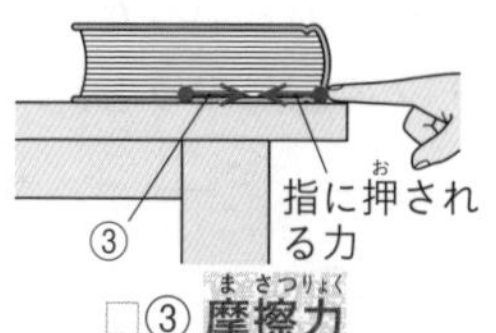

□③ **摩擦力**(まさつりょく)

□④ **重力**

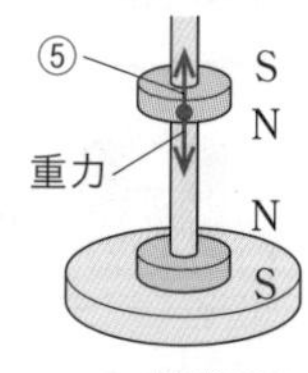

□⑤ **磁力**

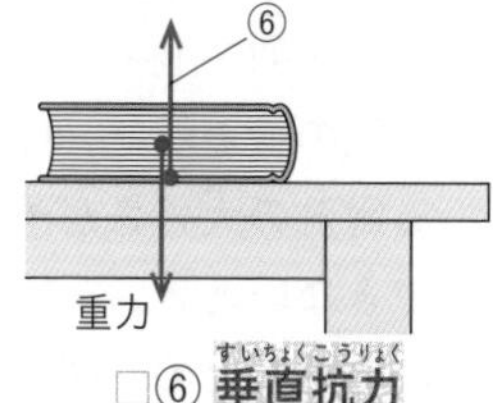

□⑥ **垂直抗力**(すいちょくこうりょく)

6 力のつり合い

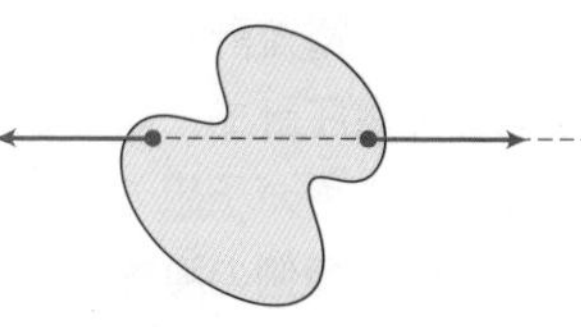

□(1) 右図のように、**1つ** の物体に2つの力がはたらいて **静止** しているとき、この2つの力はつり合っている。

□(2) つり合っている2つの力の大きさは

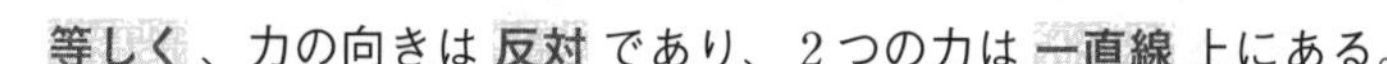
等しく、力の向きは **反対** であり、2つの力は **一直線** 上にある。

月　日

1 電流と電圧

中2　重要度

回路と電流・電圧

□ 1 電流が流れる道筋のことを何というか。

□ 2 1における＋極から－極に向かう電気の流れを何というか。

□ 3 2の大きさの単位であるAは何と読むか。

□ 4 回路に電流を流そうとするはたらきの大きさを何というか。

□ 5 4の大きさを示す単位を何というか。

□ 6 回路のようすを、専用の記号を用いてわかりやすく図にしたものを何というか。

□ 7 6の図に用いる、電気器具や部品などを表す記号を何というか。

□ 8 7の記号のうち、次の①～⑤は何を表すか。

① 　② 　③ Ⓐ

④ Ⓥ　⑤ 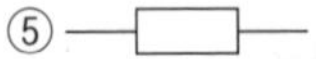

★□ 9 電流計と電圧計は、それぞれ回路の測定する部分に直列、並列（へいれつ）のどちらに接続するか。

★□10 右図の電流計で、はかる電流の大きさが予想できないとき、－極側の導線をどの－端子（たんし）につなぐか。

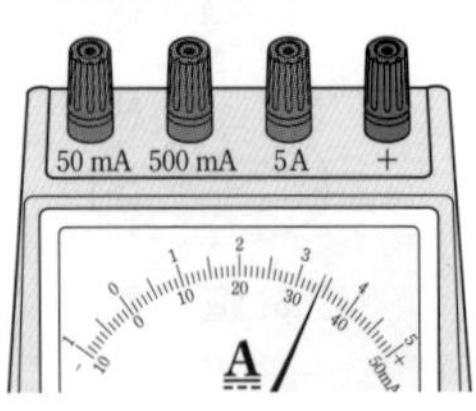

□11 図の電流計で、500 mAの－端子につないでいるとき、電流計が示す値は何mAか。

★□12 右図の電圧計で、はかる電圧の大きさが予想できないとき、－極側の導線をどの－端子につなぐか。

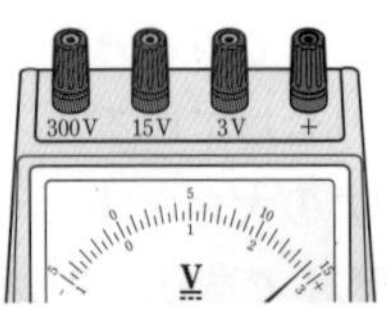

1 回 路

2 電 流

3 アンペア

解説 電流の単位はmAもあり、ミリアンペアと読む。

4 電 圧

5 ボルト(V)

6 回路図

7 電気用図記号

8 ① スイッチ
② 電 球
③ 電流計
④ 電圧計
⑤ 抵抗器（ていこうき）

9 電流計 直 列
電圧計 並 列

10 5A

11 340 mA

12 300 V

回路に流れる電流

□13 **図1**、**図2**のような回路をそれぞれ何というか。

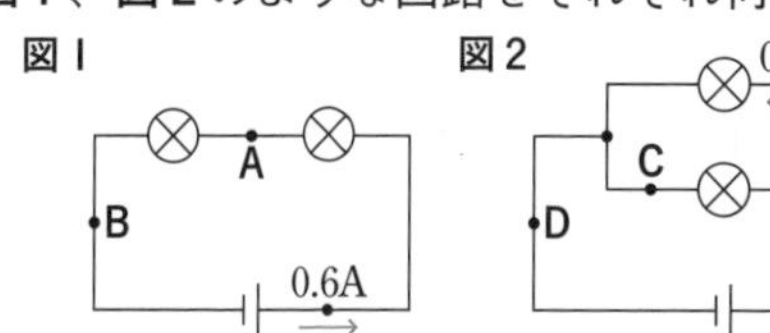

★□14 上の**図1**で、**A**点、**B**点を流れる電流の大きさは、それぞれ何Aか。

★□15 上の**図2**で、**C**点、**D**点を流れる電流の大きさは、それぞれ何Aか。

★□16 **図3**で、**AB**間に加わる電圧の大きさは何Vか。

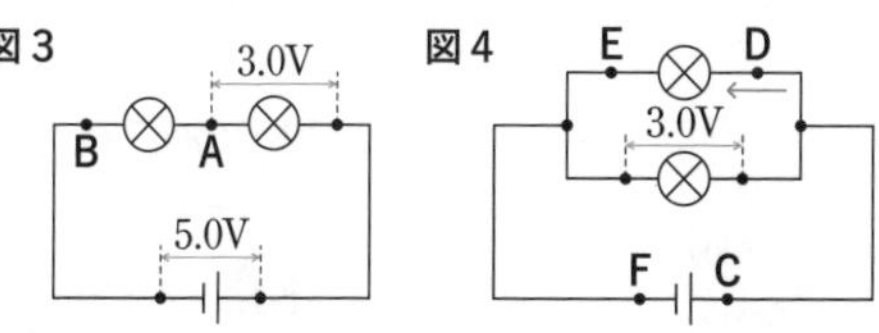

★□17 上の**図4**で、**DE**間、**CF**間に加わる電圧の大きさは、それぞれ何Vか。

□18 各部分に加わる電圧の大きさと、電源の電圧の大きさが等しいのは、直列回路か並列回路か。

13 **図1** **直列回路**
図2 **並列回路**（へいれつ）

14 **A**点 **0.6 A**
B点 **0.6 A**

解説 直列回路では、回路のどの点でも電流の大きさは等しい。

15 **C**点 **0.4 A**
D点 **0.7 A**

解説 並列回路では、分かれた電流の和は、分かれる前の電流と等しい。

16 **2.0 V**

解説 5.0−3.0=2.0(V)

17 **DE**間 **3.0 V**
CF間 **3.0 V**

18 **並列回路**

解説 直列回路では、各部分に加わる電圧の和が、電源の電圧に等しい。

思考力アップ！

Q **図1**と同じ豆電球を用いて、**図2**の5つの回路をつくった。**図1**の回路のスイッチを入れると豆電球は点灯した。**図2**の回路のスイッチをそれぞれ入れたとき、**図1**の豆電球と同じ明るさで点灯する豆電球を、**図2**の**A**～**F**からすべて選びなさい。ただし、**図1**・**2**に書かれた電圧は電源の電圧を示しており、豆電球以外の電気抵抗（ていこう）は考えないものとする。［京都］

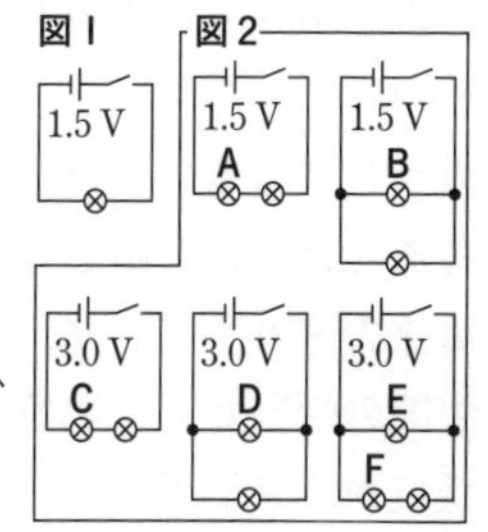

A **B、C、F**

解説 それぞれの豆電球に加わる電圧が**図1**と同じ1.5 Vのものを選ぶ。直列に同じ豆電球を2個並べた場合、それぞれの豆電球に加わる電圧の大きさは電源の電圧の半分になる。並列回路の枝分かれの部分には、電源の電圧と同じ大きさの電圧が加わる。

月　日

2 オームの法則

中2　重要度

電流と電圧の関係

□1 金属線の両端(りょうたん)に電圧を加えたときに流れる電流の大きさは、電圧の大きさに比例する。このことを何の法則というか。

1 オームの法則

□2 電流の流れにくさを表す量を何というか。

2 抵抗(ていこう)(電気抵抗)

□3 2の量を示す単位を何というか。

3 オーム(Ω)

□4 オームの法則で、電圧 V〔V〕、電流 I〔A〕、抵抗 R〔Ω〕の関係はどのように表せるか。次の①、②にあてはまる式を答えよ。

V=(　①　)　　I=(　②　)

4 ① RI

② $\frac{V}{R}$

□5 右図は、ある電熱線に加えた電圧の大きさと流れた電流の大きさの関係を表したグラフである。電圧を5.0 V にしたとき、この電熱線に流れる電流の大きさは何 mA か。

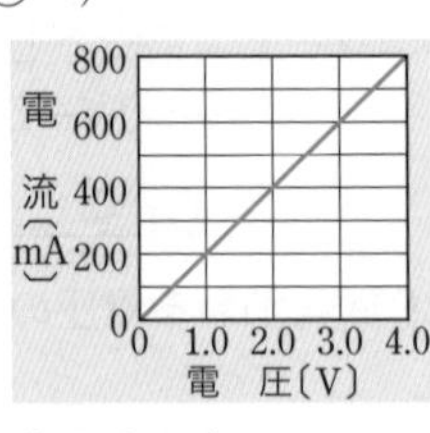

□6 5の電熱線の抵抗の大きさは何Ωか。

5 1000 mA

6 5Ω

解説 グラフより、1.0 V のとき 200 mA=0.2 A。オームの法則

抵抗 R〔Ω〕$=\frac{電圧 V〔V〕}{電流 I〔A〕}$

より、$\frac{1.0〔V〕}{0.2〔A〕}=5〔Ω〕$

物質の種類と電気抵抗

□7 抵抗が小さく、電流を流しやすい物質を何というか。

7 導　体

□8 ガラスやゴムのように、抵抗が非常に大きく、電流をほとんど流さない物質を何というか。

8 不導体(絶縁体(ぜつえんたい))

□9 電流の流れやすさが、7の物質と、8の物質の中間の性質をもつ物質を何というか。

9 半導体

□10 抵抗が小さい導体で、導線の材料として使われる金属は何か。

10 銅

□11 抵抗の大きさが10の金属の約70倍で、一般(いっぱん)に電熱線として使われる金属は何か。

11 ニクロム

解説 ニッケルとクロムの合金。

直列回路と並列回路の電気抵抗

□12 **図1**の回路で、電源の電圧の大きさVを求めよ。

図1

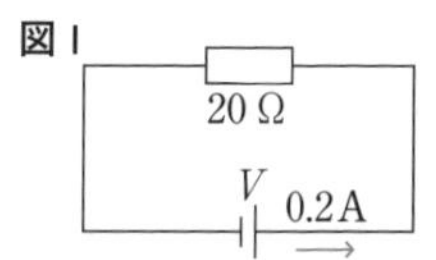

図2

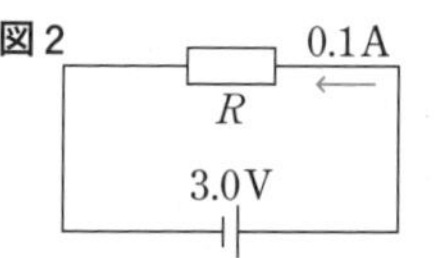

☆□13 上の**図2**の回路で、抵抗の大きさRを求めよ。

☆□14 **図3**の回路全体の抵抗の大きさを求めよ。

図3

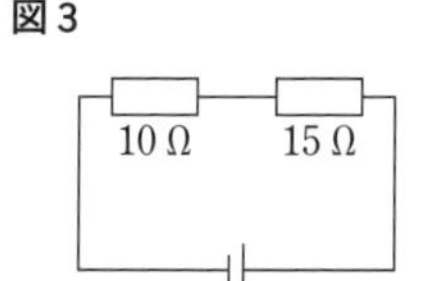

図4

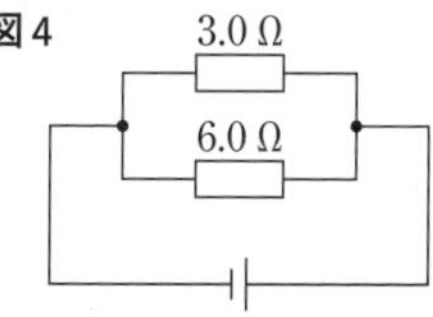

☆□15 上の**図4**の回路全体の抵抗の大きさを求めよ。

☆□16 上の**図4**の回路で、電源の電圧の大きさが12 Vのとき、回路全体に流れる電流の大きさは何Aか。

12 **4.0 V**

解説 20〔Ω〕×0.2〔A〕=4.0〔V〕

13 **30 Ω**

解説 3.0〔V〕÷0.1〔A〕=30〔Ω〕

14 **25 Ω**

解説 10+15=25〔Ω〕

15 **2.0 Ω**

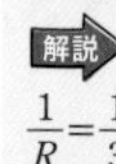

解説

$$\frac{1}{R}=\frac{1}{3}+\frac{1}{6}=\frac{2}{6}+\frac{1}{6}=\frac{3}{6}=\frac{1}{2}\quad R=2.0〔\Omega〕$$

16 **6.0 A**

解説 $\frac{12〔V〕}{2.0〔\Omega〕}=6.0〔A〕$

思考力アップ！

Q 〔実験1〕抵抗の大きさが15 Ωの抵抗器**a**と10 Ωの抵抗器**b**を用いて、**図1**のような回路をつくり、スイッチを入れた。

〔実験2〕実験1のあと、端子（たんし）**P**、**Q**間の抵抗器をはずし、**図2**のように抵抗器**a**、**b**を接続したものを端子**P**、**Q**間につないで、スイッチを入れた。

実験1、2ともに、電圧計が5.0 Vを示しているとき、流れる電流が最も大きいものを、次の**ア**～**エ**から選びなさい。　［鹿児島一改］

ア　実験1の抵抗器**a**　　**イ**　実験1の抵抗器**b**

ウ　実験2の抵抗器**a**　　**エ**　実験2の抵抗器**b**

図1

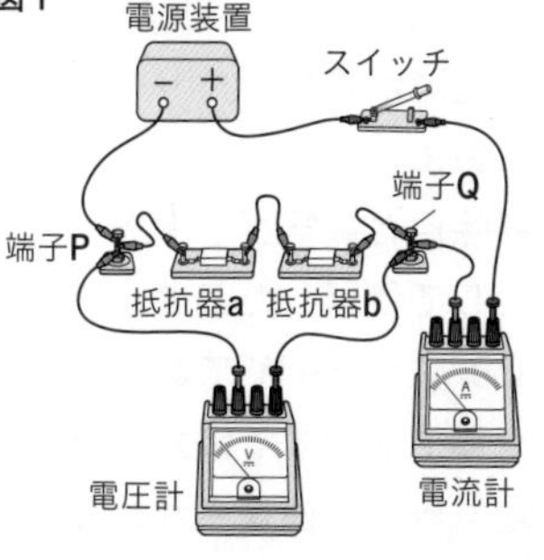

図2

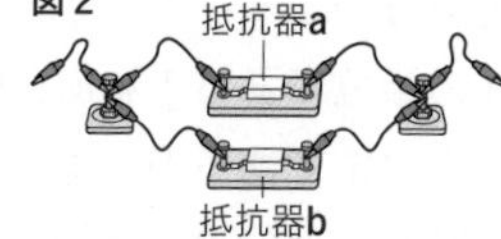

A **エ**

解説 オームの法則より、電圧が大きく抵抗が小さいほど、流れる電流は大きくなる。

3 電流と光や熱

中2　重要度

電流のはたらき

□ 1 電気器具が熱や光、音を出したり、物体を動かしたりするはたらきは、何という量で表すか。

□ 2 1の単位には、何が使われるか。

★□ 3 1は、何と何の積で求められるか。

□ 4 下図のような2つのモーターがある。同じ電圧を加えるとき、**ア**と**イ**のモーターでは、どちらが強い力を出すことができるか。

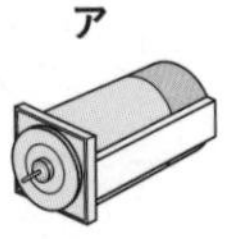

ア　100 V－100 W　　イ　100 V－400 W

□ 5 右図の電球は光を出し、上図の**ア**のモーターは回転する。はたらきは違(ちが)っていても表示は同じであるが、これは何が同じだからか。

100 V－100 W

★□ 6 トースターを100 Vの電源に接続したとき8 Aの電流が流れた。トースターが消費する電力を求めよ。

★□ 7 掃除機(そうじき)と電気ポットを100 Vの電源に並列(へいれつ)に接続して使用したとき、消費する電力はそれぞれ450 W、1200 Wである。同時に使用したときに全体で消費する電力を求めよ。

□ 8 電気器具で消費された電気エネルギーの量を何というか。

□ 9 8の単位であるJを何と読むか。

□10 8の単位であるWhを何と読むか。

□11 電熱線などに電流を流したときに、電熱線から発生する熱の量を何というか。

---

1 電力

2 ワット(W)

3 電圧と電流

4 イ

5 電力(消費電力)

6 800 W

100〔V〕×8〔A〕＝800〔W〕

7 1650 W

450＋1200＝1650〔W〕

8 電力量

解説 電力量〔J〕＝電力〔W〕×時間〔s〕

9 ジュール

10 ワット時

11 熱量

熱量〔J〕＝電力〔W〕×時間〔s〕

電流による発熱と電力量

□12 右図のような装置をつくり、ワット数のわかっている3種類の電熱線に、それぞれ6.0Vの電圧を5分間加え、流れる電流と水の上昇温度を調べた。右表はその結果である。ワット数が大きいほど発生した熱の量は大きいか、小さいか。

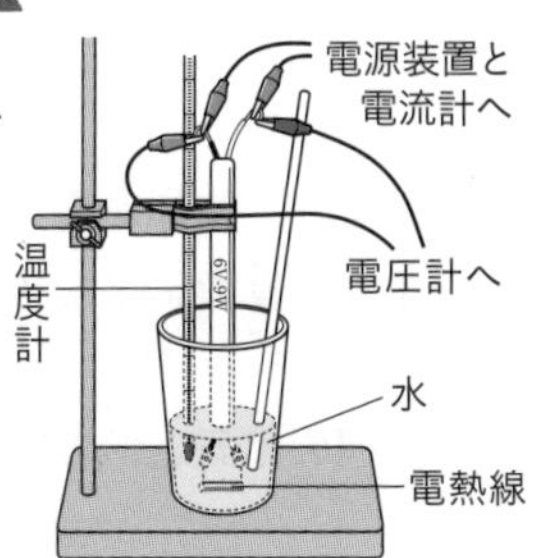

電圧〔V〕	6.0	6.0	6.0
ワット数	6 W	9 W	18 W
電流〔A〕	1.0	1.5	3.0
上昇温度〔℃〕	3.3	5.5	10.8

12 **大きい**

解説 また、電流を流す時間が長いほど、発生する熱の量は大きい。

★□13 12の実験で、ワット数が9Wの電熱線に6.0Vの電圧を加えて、電流を10秒間流したときに発生する熱量を求めよ。

13 **90J**

解説 9〔W〕×10〔s〕=90〔J〕

★□14 電流を流した時間が一定のとき、発生する熱量と電力の大きさの間にはどのような関係があるか。

14 **比例（の関係）**

生物 地学 化学 物理

思考力アップ！

Q 表は、さまざまな電気器具を、家庭のコンセントの電圧である100Vで使用したときの消費電力をまとめたものである。家庭で使用していた白熱電球のかわりに、LED電球を50時間使用したときに削減できる電力量は、テレビを何時間使用したときに消費する電力量と等しいと考えられますか。 ［京都－改］

電気器具	LED電球	白熱電球	テレビ
消費電力〔W〕	8	60	200

A **13時間**

解説 LED電球と白熱電球の消費電力の差は、60−8=52〔W〕なので、白熱電球のかわりにLED電球を50時間使うと、52〔W〕×50〔h〕=2600〔Wh〕の電力量を削減できる。テレビの消費電力は200Wなので、2600〔Wh〕÷200〔W〕=13〔h〕より、削減できる2600Whの電力量は、テレビを13時間使用したときに消費する電力量と等しい。

月　日

4 静電気と電流

中2　重要度

静電気とそのはたらき

★□1　2種類の物体をこすり合わせると、物体が電気をおびることがある。このような摩擦(まさつ)によって生じる電気を何というか。

□2　1には2種類の電気がある。何の電気と何の電気か。

★□3　2本のストローを、ティッシュペーパーでこすり合わせた。右図のように、こすり合わせたストローどうしを近づけると、ストローどうしの間には、どのような力がはたらくか。

□4　3のような力がはたらくのは、2本のストローにたまっている電気が、同じ種類であるからか、違(ちが)う種類であるからか。

★□5　3で、こすり合わせたストローにこすり合わせたティッシュペーパーを近づけると、どのような力がはたらくか。

□6　静電気の3や5の力のように、異なる電気の間ではたらく力を何というか。

□7　たまっていた電気が流れ出す現象や、いなずまのように、電気が空間を移動する現象を何というか。

放射線

□8　X線、α線、β線、γ線などを何というか。

□9　8を出す物質を何というか。

□10　9が放射線を出す能力を何というか。

1　**静電気**

解説　静電気をおびることを帯電という。

2　**＋の電気、－の電気**

3　**しりぞけ合う力**

4　**同じ種類**

5　**引き合う力**

解説　違う種類の電気がたまっている。

6　**電気力(電気の力)**

解説　電気力は、物体どうしが離(はな)れていてもはたらく。

7　**放電**

8　**放射線**

9　**放射性物質**

10　**放射能**

解説　放射線には、物質を通過する性質があり、レントゲン撮影(さつえい)などに用いられる。

電流の正体

□11 気圧を低くした空間に電流が流れる現象を何というか。

★□12 クルックス管の電極A、Bに高い電圧を加えたところ、放電が起こり、右の図Ⅰのように、蛍(けい)光板(こうばん)に明るい線が現れた。この明るい線を何というか。

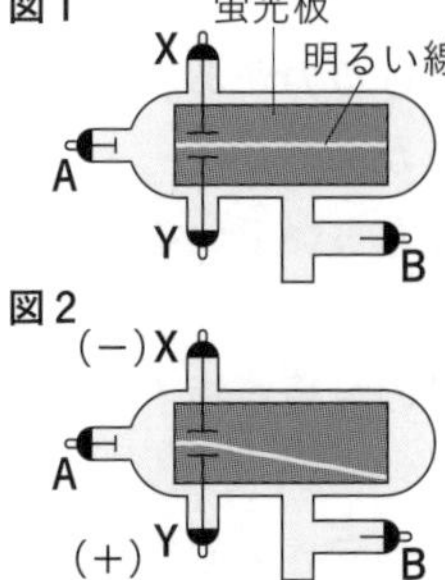

★□13 12の明るい線は、何という粒子(りゅうし)の流れか。

□14 図Ⅰ のAは＋極か、－極か。

□15 図Ⅰ のX、Yにも電圧を加えたところ、図2のように、明るい線が＋側に曲がった。電子は、＋と－のどちらの電気をおびているか。

★□16 次の文の①～③にあてはまる語句を答えよ。

導線を電源につないで電圧を加えると、電子は(　①　)の電気をおびているので、電源の(　②　)極のほうに引かれて移動する。この電子の流れが導線を流れる(　③　)の正体である。

11 **真空放電**

解説 ネオン管や蛍光灯は真空放電を利用している。

12 **陰極線(いんきょくせん)(電子線)**

13 **電子**

14 **－極**

15 **－の電気**

解説 ＋側に曲がるため、－の電気をおびている。

16 ① **－**
② **＋**
③ **電流**

解説 電流の向きは、電子が発見される前に＋極から－極と決められていたので、回路を流れる電流の向きと電子の動く向きは、逆になってしまっている。

記述力アップ！

Q 図Ⅰのようにポリ塩化ビニルのパイプをティッシュペーパーでよくこすった。次に、図2のように、暗い場所で、帯電したポリ塩化ビニルのパイプに小型の蛍光灯(4W程度)を近づけると、小型の蛍光灯が一瞬(いっしゅん)点灯した。蛍光灯が点灯したのはなぜですか、「静電気」という語を使って説明しなさい。　[滋賀]

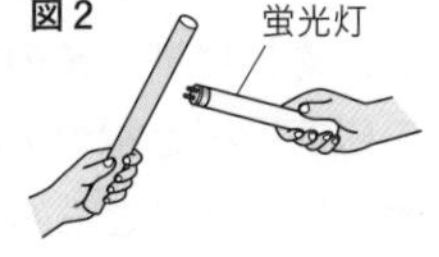

A **ポリ塩化ビニルのパイプにたまった静電気が蛍光灯の中を通り、電流が流れたから。**

解説 電流の正体は電子の移動である。この実験では、ポリ塩化ビニルのパイプにたまった電子が蛍光灯に流れた(移動した)ことで、蛍光灯が点灯した。

電流と磁界

中2　重要度

電流と磁界

□ 1 磁石には鉄などを引きつける力がある。このような磁石の力を何というか。

□ 2 1のような磁石の力がはたらいている空間を何というか。

□ 3 2の中に置いた方位磁針のN極が指す向きを何というか。

□ 4 磁界の中の各点で、磁界の向きを順に結んでできる線を何というか。

□ 5 磁石のまわりにある4において、4が密になっているところほど磁界は強いか、弱いか。

□ 6 右図のように、導線に電流を流したときにできる磁界の向きは、**ア**、**イ**のどちらか。

□ 7 右図のコイルで、コイルの内側の磁界の向きは、**ア**、**イ**のどちらか。

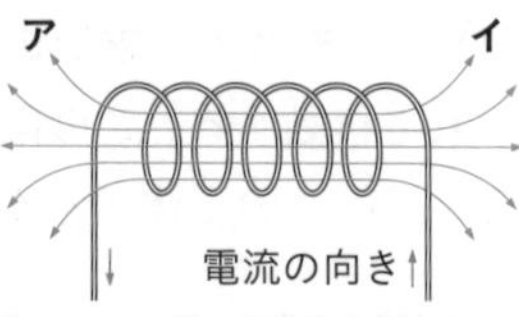

□ 8 右図のように、磁石の磁界の中の導線に電流を流した。導線は**ア**、**イ**のどちらの向きに動くか。

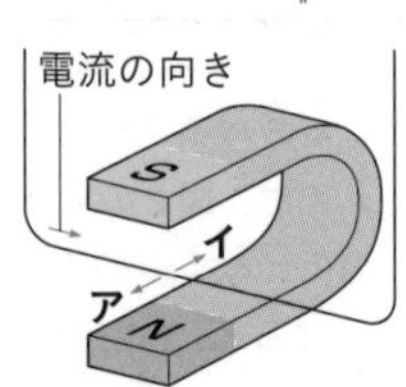

□ 9 図の磁石の極を上下逆にすると、導線は**ア**、**イ**のどちらの向きに動くか。

□ 10 図の磁石の極と電流の向きをともに逆にすると、導線は**ア**、**イ**のどちらの向きに動くか。

□ 11 図で、電流を大きくすると、導線の動き方はどうなるか。

---

1 磁力

2 磁界

3 磁界の向き

4 磁力線

5 強い

6 **イ**

解説 電流の向きに右ねじの進む向きを合わせたとき、右ねじを回す向きが磁界の向きになる。

7 **ア**

8 **ア**

解説 左手の親指、人差し指、中指が互(たが)いに直角になるようにして、中指を電流の向きに、人差し指を磁界の向きに合わせると、親指が力の向きを示す。これをフレミングの左手の法則という。

9 **イ**

10 **ア**

11 大きくなる

電磁誘導、直流と交流

☆□12 検流計にコイルをつなぎ、右図のようにコイルに棒磁石のN極を近づけると、コイルに電流を流そうとする電圧が生じる。この現象を何というか。

☆□13 12のとき、図の矢印の向きに電流が流れた。この流れた電流を何というか。

□14 棒磁石をコイルの中に入れたままにしておくと、電流は流れるか。

☆□15 12で入れた棒磁石を出すとき、電流の向きはどうなるか。

□16 下図は、発光ダイオードに直流と交流を流し、すばやく動かしたときの発光のようすである。交流はどちらか。

ア

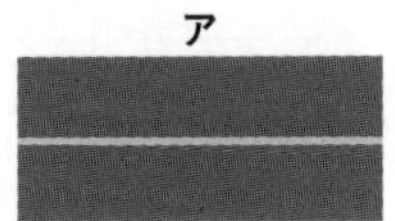

イ

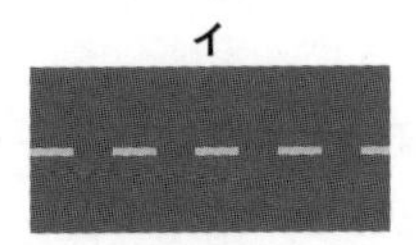

□17 交流の、電流の流れる向きが1秒間にくり返し変化する回数を何というか。

12 電磁誘導

13 誘導電流

解説 誘導電流は、コイルの巻き数が多いほど、また、磁界の変化が大きいほど大きくなる。

14 流れない

15 逆になる

解説 棒磁石を入れるときと出すときでは、電流の向きは逆になる。

16 イ

解説 交流は、電流の向きが変化しているので、点滅して見える。

17 周波数

解説 単位はヘルツ(Hz)。

記述力アップ！

Q 図のような装置をつくり、指でコイルを押して回転させる。指でコイルを回転させたときに、検流計の針がふれ、電流が流れたことが確認できた。このとき、電流が流れた理由を、「コイルの中の」という語句に続けて答えなさい。［鳥取］

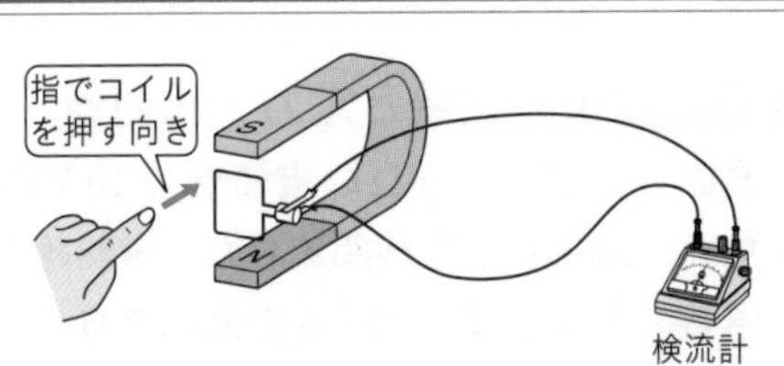

A (コイルの中の)磁界が回転によって変化し、電圧が生じたから。

解説 磁石を動かした場合だけでなく、コイルを動かした場合もコイルの中の磁界を変化させることができる。電磁誘導は、コイルの中の磁界が変化することでコイルに電圧が生じて電流が流れる現象である。

図表でチェック ❷

中2

問題 図を見て、____ にあてはまる語句や数値を答えなさい。

1 電流と電圧

□(1) 図1の回路を **直列回路** 、図2の回路を **並列回路**（へいれつ） という。

□(2) 図1では、回路のどの部分においても **電流** の大きさは等しい。

□(3) 図2では、それぞれの豆電球に加わる **電圧** の大きさは等しい。

図1

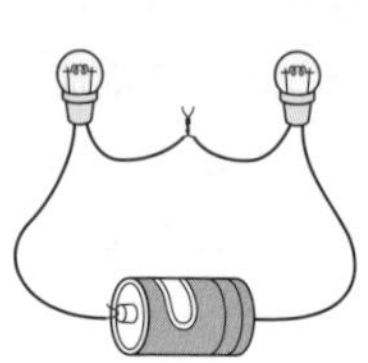

図2

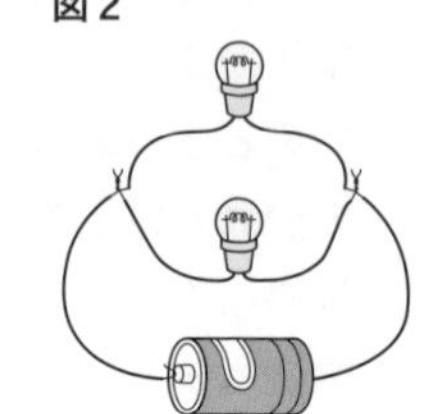

2 オームの法則

□(1) 右図の回路全体の抵抗（ていこう）は、

7〔Ω〕＋ **3**〔Ω〕＝ **10**〔Ω〕

□(2) 直列回路なので、点A、B、Cを流れる電流の大きさは **同じ** である。

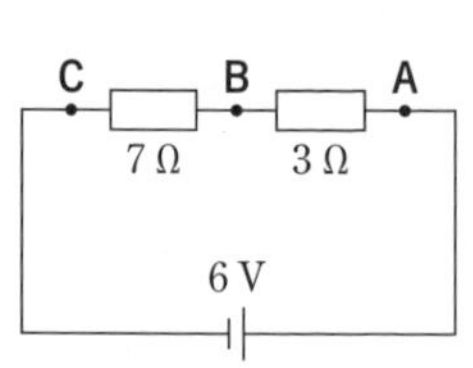

□(3) 点A、B、Cを流れる電流の大きさは、オームの法則より、

6〔V〕÷ **10**〔Ω〕＝ **0.6**〔A〕

□(4) AB間、BC間のそれぞれの電圧の大きさは、オームの法則より、

AB間：**0.6**〔A〕× **3**〔Ω〕＝ **1.8**〔V〕

BC間：**0.6**〔A〕× **7**〔Ω〕＝ **4.2**〔V〕

3 電流による発熱と電力・電力量

□(1) 右図の装置で、5 Ωの電熱線に10 Vの電圧を加え、電流を100秒間流した。電熱線を流れる電流の大きさは、オームの法則より、

10〔V〕÷ **5**〔Ω〕＝ **2**〔A〕

□(2) 電熱線が消費する電力は、

10〔V〕× **2**〔A〕＝ **20**〔W〕

□(3) 100秒間に電熱線から発生した熱量は、

20〔W〕× **100**〔s〕＝ **2000**〔J〕

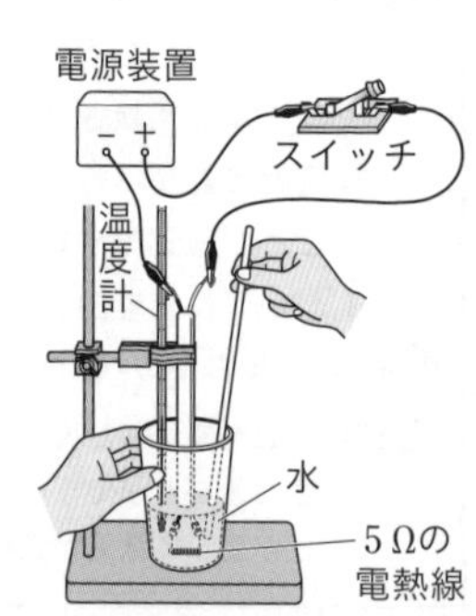

4 静電気

□(1) 右図のはく検電器を－に帯電させると、はくが **開く** 。このとき、－に帯電させた棒を金属板に近づけると、はくがさらに **開く** 。次に、＋に帯電させた棒を金属板に近づけると、はくが **閉じる** 。

□(2) (1)ではくが開くのは、**同じ** 種類の電気の間に **退け合う** 力がはたらくからである。

5 磁界の中の電流

□(1) 右図の装置で、 a の向きに流れる電流には、 b の向きに力がはたらく。磁石による磁界の向きは、ア～エの向きのうち、**ウ** である。

□(2) a の向きに流れる電流の磁界の向きは、ア～エの向きのうち、**ア** である。

□(3) 電流を強くすると、電流にはたらく力は **大きくなる** 。

6 コイルと磁界の変化

□(1) 図 I のように、コイルの中の磁界が変化し、コイルに電圧が生じる現象を **電磁誘導**(でんじゆうどう) といい、このとき流れる電流を **誘導電流** という。

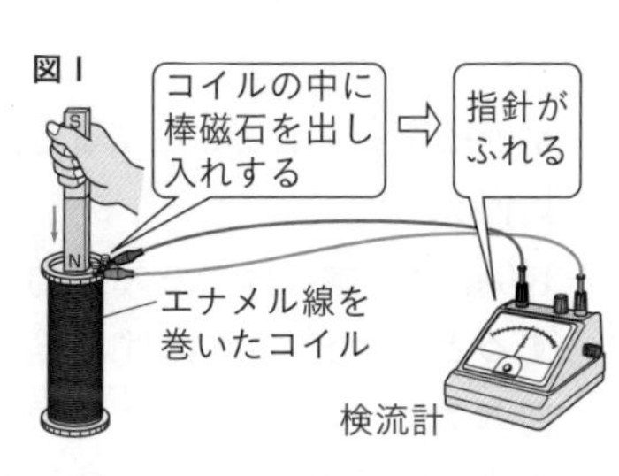

□(2) 図 2 の A では、矢印の向きに電流が流れた。電流の流れる向きを X、Y で表すと、B は **Y** 、C は **Y** 、D は **X** の方向に電流が流れる。

□(3) コイルに流れる電流を大きくするには、

- コイルの巻数を **多く** する
- 磁石を動かす速さを **速く** する
- 磁力の **強い** 磁石を使用する

といった方法がある。

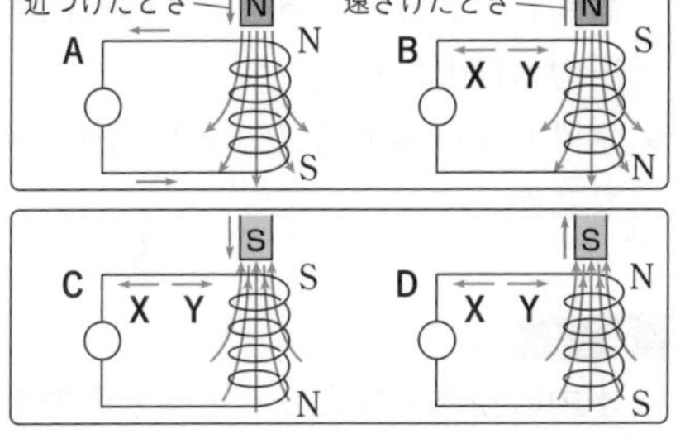

月　日

水の深さと圧力

中3　重要度 ★★★

水の圧力

★□1 水中の物体に、水にはたらく重力により生じる圧力を何というか。

□2 右図のように、うすいゴム膜(まく)を張った透明(とうめい)な管を水中に沈(しず)めた。このとき、ゴム膜のへこみ方が大きい順に、**ア**～**ウ**の記号を並べよ。

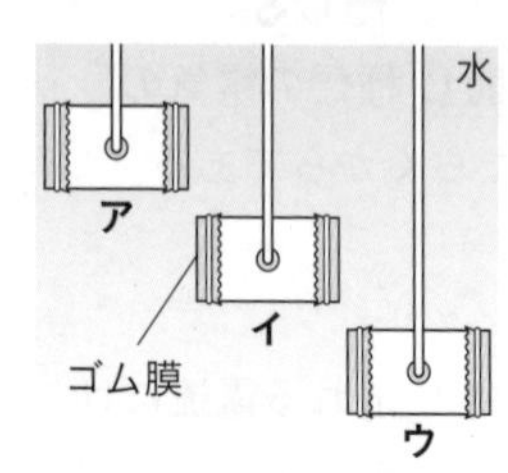

□3 2の結果から、水の深さが深くなるほど、水圧の大きさはどうなるといえるか。

□4 図のゴム膜が上下になるように、管の向きを変えた。このとき、ゴム膜はへこむか、へこまないか。

□5 4のとき、ゴム膜の上側と下側でへこみ方が大きいのはどちらか。

□6 水の密度を1 g/cm^{3}とすると、1 m^{3}の水の質量は何kgか。

□7 100 gの物体にはたらく重力の大きさを1 Nとすると、1 m^{3}の水にはたらく重力の大きさは何Nか。

□8 水深1 mの水中に1 m^{2}の正方形の板が水平に置かれているとすると、この板に垂直に加わる圧力は何Paか。

□9 水深が1 m深くなるごとに水圧は何Pa大きくなるか。

浮　力

★□10 水中の物体にはたらく上向きの力を何というか。

---

1 **水圧**

2 **ウ、イ、ア**

3 **大きくなる**

4 **へこむ**

解説 水圧は、上下左右どの方向からもはたらく。

5 **下側**

6 **1000 kg**

7 **10000 N**

8 **10000 Pa**

解説 この板の上には1 m^{3}の水がのっていて、10000 Nの重力がはたらく。よって、板に加わる圧力(水圧)は、

$\frac{10000[\mathrm{N}]}{1[\mathrm{m}^2]}=10000[\mathrm{Pa}]$

9 **10000 Pa**

10 **浮(ふ)力(りょく)**

□11 2 N の物体をばねばかりにつるし、右図の A のように一部を水に入れると、ばねばかりが 1.5 N を示した。このとき、物体にはたらく浮力の大きさは何 N か。

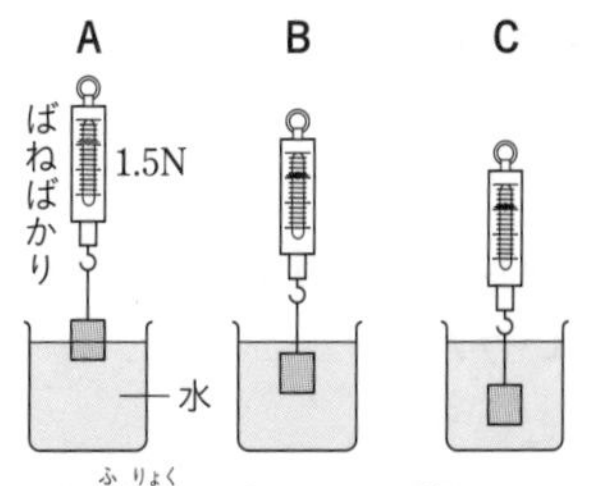

★□12 図の B のように物体を水中にすべて入れたとき、ばねばかりが示す値は、A のときに比べて大きいか、小さいか、等しいか。

★□13 図の C のように物体を水中に深く沈めたとき、物体にはたらく浮力の大きさは、B のときに比べて大きいか、小さいか、等しいか。

□14 おもりを水中に沈めたときにおもりにはたらく重力の大きさは、空気中の場合に比べて大きいか、小さいか、等しいか。

11 **0.5 N**

解説 2.0−1.5＝0.5〔N〕

12 **小さい**

解説 水中に入っている部分の体積が大きいほど、浮力は大きい。

13 **等しい**

解説 浮力は、水中にある物体と同じ体積の水にはたらく重力の大きさと等しい(アルキメデスの原理)。そのため、物体全体を水中に沈めるとき、浅く沈めても深く沈めても浮力の大きさは変わらない。

14 **等しい**

生物
地学
化学
物理

記述力アップ！

Q 同じ質量の物体 A と物体 B があり、物体 B の密度は物体 A の密度より大きい。物体 A と物体 B を右図のようにつるしたところ、棒が水平になって静止した。この状態から、物体 A と物体 B の全体を水に沈めたとき、棒はどのようになるか、右のア～ウから選びなさい。また、そう判断した理由を、「密度」、「体積」、「浮力」の 3 つの語を使って答えなさい。 [高知一改]

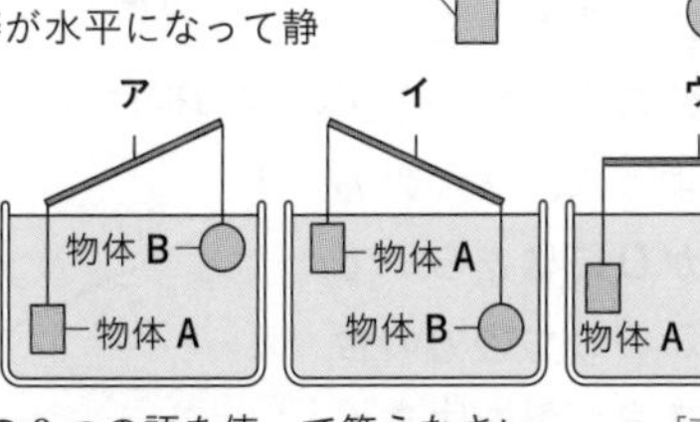

A 記号 **イ**

理由 **物体 A と B は同じ質量なので、密度が大きい物体 B のほうが体積は小さくなり、はたらく浮力が物体 A より小さくなるため。**

解説 密度＝$\frac{質量}{体積}$なので、密度が大きい物体 B のほうが体積が小さい。水中にある部分の体積が小さいほうが、はたらく浮力は小さくなるので、物体 B のほうが深く沈む。

月　日

力の合成と分解

中3　重要度

力の合成

□1 2つの力を合わせて、同じはたらきをする1つの力にすることを何というか。

1 力の合成

□2 1で、合わせた力を何というか。

2 合力

★□3 次の文の①、②にあてはまる語句を答えよ。

2つの力が一直線上にあり、向きが同じ場合、2つの力の2の大きさは、2つの力の(　①　)になり、向きは2つの力と(　②　)向きになる。

3 ① 和　② 同じ

★□4 次の文の①～③にあてはまる語句を答えよ。

2つの力が一直線上にあり、向きが反対の場合、2つの力の2の大きさは、2つの力の(　①　)になり、向きは(　②　)の力と同じ向きになる。また、2つの力の大きさが等しいとき、2つの力の2は(　③　)になる。

4 ① 差　② 大きいほう　③ 0

解説 ③のとき、2つの力はつり合っている。

★□5 右図で、2つの力A、BがOにはたらいている。この2つの力の合力は、OとC～Hのどの点を結ぶ矢印になるか。ただし、OADBの各点を結ぶと平行四辺形になる。

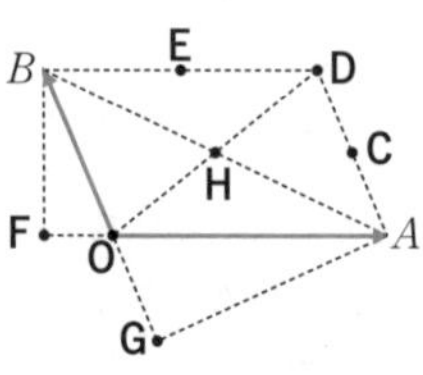

5 D

解説 合力は、OからDの方向に、平行四辺形OADBの対角線ODの長さに等しい大きさになる。

□6 右図のように、2つの力A、BがOにはたらいている。この2つの力の合力の大きさが最も大きくなるのは、角度Xを何度にしたときか。

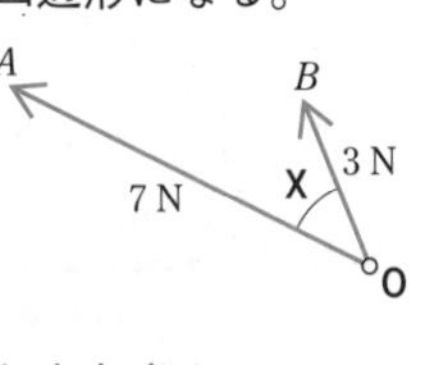

6 0度

解説 合力が最も大きくなるのは、2つの力が一直線上で同じ向きのときである。

力の分解

□7 ある力を、同じはたらきをする2つの力に分けることを何というか。

7 力の分解

□8 7の分けた力を、もとの力の何というか。

8 分力

☆□ 9 下図は、分力の作図による求め方を表している。あとの文の(　　)にあてはまる語句を答えよ。

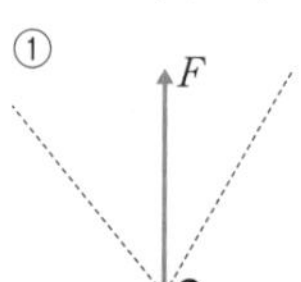

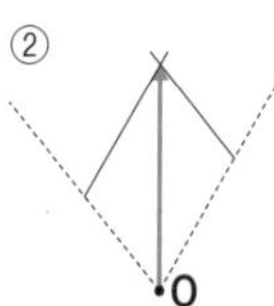

③ O

① 力Fを(　　　)する向きに線を引く。

② 力Fの矢印の先から、①で引いた線に(　　　)な線を引く。

③ 点Oから、①と②で引いた線の(　　　)に矢印を引く。

□10 斜面上(しゃめんじょう)の台車にはたらく重力を分解して表した右図で、斜面に沿って動こうとする力は、**ア**、**イ**のどちらか。

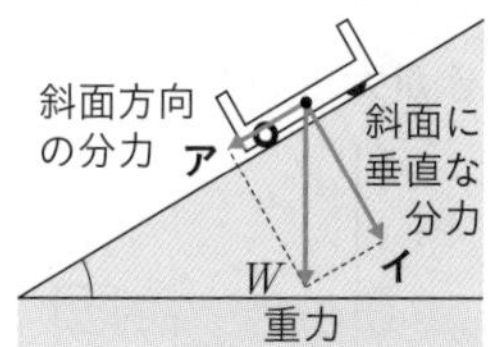

9 ① **分解**
② **平行**
③ **交点**

10 **ア**

解説 斜面方向の分力が、台車が斜面に沿って動こうとする力である。

思考力アップ！

Q 水平に置かれた木の板に、**図1**のような装置をつくった。ばねばかり**X**を直線**L**に沿って引っ張り、点**O**の位置でリングの中心を静止させたところ、ばねばかり**X**は5.0 Nを示した。

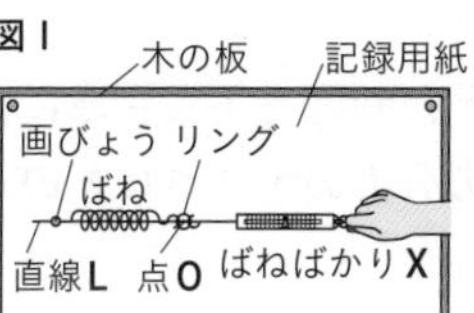

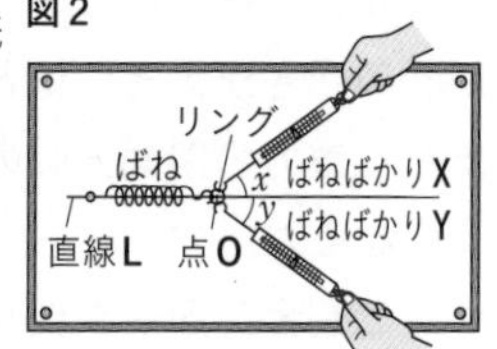

次に、**図2**のように、**図1**のリングにばねばかり**Y**をとりつけ、**図1**と同じ点**O**の位置でリングの中心が静止するよう、直線**L**とばねばかり**X**、**Y**の間の角度x、yを変化させた。$x=y=60°$のとき、ばねばかり**X**、**Y**の示す値はそれぞれ何Nですか。

[群馬一改]

A ばねばかり**X**　**5.0 N**　　ばねばかり**Y**　**5.0 N**

$x=y=60°$のとき、ばねばかり**X**、**Y**が引く力と合力の矢印は、右図のように正三角形の辺になる。合力の大きさは5.0 Nなので、ばねばかり**X**、**Y**も5.0 Nを示す。

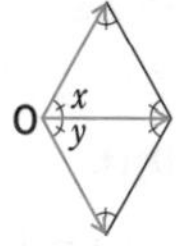

月　日

3 運動のようすとその表し方

中3　重要度

運動と速さ、力がはたらく運動

□ 1 ある区間を一定の速さで移動したと考えたときの速さを何というか。

□ 2 ごく短い時間に移動した距離(きょり)をもとにして求めた、刻々と変化する速さを何というか。

□ 3 42 km を 3 時間で走ったときの平均の速さは何 km/h か。

★□ 4 下図は、斜面(しゃめん)を下る台車の運動のようすを記録タイマーでテープに記録し、6 打点ごとに切りとって横に並べたものである。**ア**と**イ**では、どちらのほうが斜面の傾(かたむ)きが大きいか。

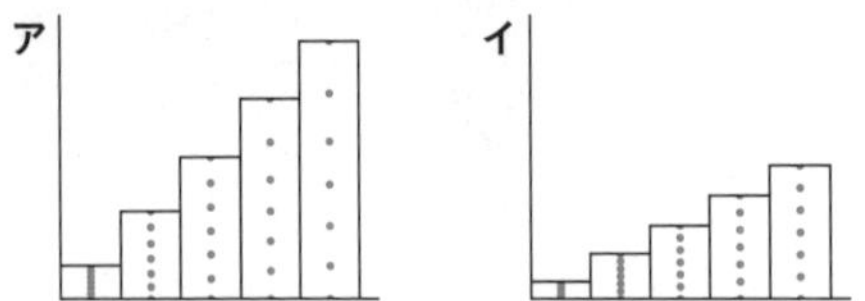

★□ 5 斜面を下る台車は、一定の大きさの力を受けているか、受けていないか。

★□ 6 斜面の傾きが大きいほど、斜面を下る台車にはたらく重力の斜面方向の分力の大きさはどのようになるか。

★□ 7 一定の割合で速さが変化している物体にはたらいている力の大きさは、一定の割合で変化しているか、それとも一定か。

□ 8 物体を落下させたときの運動を何というか。

□ 9 8 で、物体にはたらく力は何か。

□ 10 物体の接触面(せっしょくめん)で運動をさまたげる方向にはたらく力を何というか。

□ 11 物体に、運動の方向とは逆向きの力がはたらいているとき、物体の速さはどうなるか。

---

1 **平均の速さ**

2 **瞬間(しゅんかん)の速さ**

解説 スピードメーターは瞬間の速さを表示している。

3 **14 km/h**

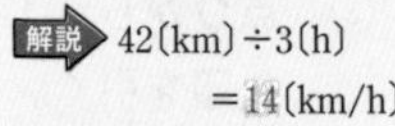

解説 42〔km〕÷3〔h〕＝14〔km/h〕

4 **ア**

解説 斜面を下る台車の速さは、一定の割合でだんだん速くなり、斜面の傾きが大きいほど、速くなる割合も大きい。

5 **受けている**

6 **大きくなる**

7 **一　定**

8 **自由落下**
(自由落下運動)

9 **重　力**

10 **摩擦力(まさつりょく)**

11 **遅(おそ)くなる**

力がはたらかない運動

★□12 一定の速さで一直線上をまっすぐに進む運動を何というか。

□13 12で、物体の移動距離(きょり)は何に比例しているか。

★□14 次の文の①、②にあてはまる語句を答えよ。

物体は、外から力を加えないかぎり、静止しているときはいつまでも(　①　)し続け、運動しているときはいつまでも(　②　)を続ける。

★□15 14の法則を何というか。

力をおよぼし合う運動

★□16 ローラースケートをはいたA、Bの人がいる。BがAを軽く押(お)すと、Aは左に動いた。では、Bはどの向きに動くか。

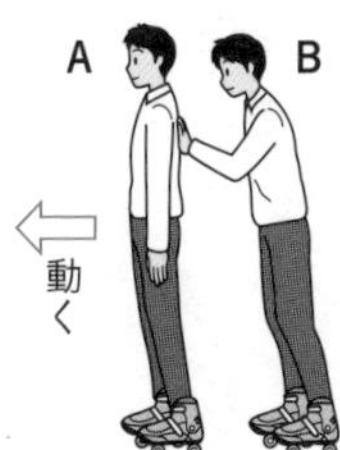

□17 BがAに加えた力と、BがAから受ける力の大きさは等しいか、等しくないか。

12 等速直線運動

13 時　間

14 ① 静　止
② 等速直線運動

15 慣性の法則

解説 物体がもつ14のような性質を慣性という。

16 右

解説 Bが加えた力とは反対の向きの力を受ける。

17 等しい

思考力アップ!

Q まっすぐなレールを中心でなめらかに曲げ、右図のように固定した。このレールの左端(さたん)に小球を置き、静かに手をはなすと、小球はレールに沿って進み、レールの右端に到着(とうちゃく)した。表は、この実験についてまとめたものである。小球がレールの中心から右端に到着するまでの小球の速さは何 cm/s か、求めなさい。ただし、小球にはたらく摩擦(まさつ)や空気抵抗(ていこう)は無視できるものとする。［宮城］

左端
レール
30 cm
レールの中心
右端
基準面
床(ゆか)

手をはなしてからの時間〔秒〕	0	0.10	0.20	0.30	0.40	0.50
基準面からの高さ〔cm〕	30	27	19	5	0	0
レールの左端からの距離〔cm〕	0	3.5	14.0	31.8	54.4	78.4

A 240 cm/s

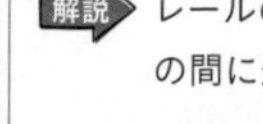

解説 レールの中心から右端は、基準面からの高さが 0 cm なので、表の 0.40 秒から 0.50 秒の間に進んだ距離から速さを求める。基準面からの高さが 0 cm の区間では、小球は等速直線運動をしているので、求める速さは、$\frac{78.4-54.4〔cm〕}{0.50-0.40〔s〕}$=240〔cm/s〕である。

4 仕事と仕事の原理

中3　重要度

仕事と仕事率　質量 100 g の物体にはたらく重力の大きさを 1 N とする。

□ 1 物体に力を加えて、力の向きに移動させたとき、力がその物体に対して何をしたというか。

1 仕事

★□ 2 仕事の大きさを求める次の式の、①と②にあてはまる語句を答えよ。

仕事〔J〕＝力の（　①　）〔N〕

×力の向きに動いた（　②　）〔m〕

2 ① 大きさ
② 距離（きょり）

□ 3 質量が 1 kg の物体を重力に逆らって持ち上げるときに必要な力はおよそ何 N か。

3 10 N

★□ 4 人が物体に仕事をしているといえるものを、次の**ア**～**ウ**からすべて選べ。

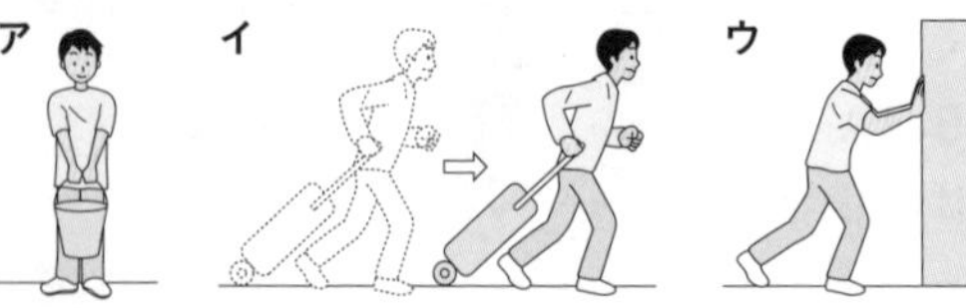

4 イ

解説 **ア**は手で物体を支えたまま動かず、**ウ**は壁（かべ）を押（お）したが動かないので、どちらも仕事をしたことにはならない。

★□ 5 5 kg の物体を 2 m の高さに引き上げた。このとき、物体にした仕事は何 J か。

5 100 J

解説 50〔N〕×2〔m〕＝100〔J〕

★□ 6 机の上に置いた物体にばねばかりをつけて、机の面に沿って引っ張ると、2 N の目もりのときに動き出した。目もりが変わらないように物体を 15 cm 動かすとき、物体にした仕事は何 J か。

6 0.3 J

解説 2〔N〕×0.15〔m〕＝0.3〔J〕

□ 7 6で、机の上に置いた物体が動いているとき、物体が受ける摩擦力（まさつりょく）は何 N か。

7 2 N

□ 8 6で、ばねばかりが 1 N を示したときは、物体は動かなかった。物体にした仕事は何 J か。

8 0 J

□ 9 仕事の能率を、単位時間（1秒間）あたりにする仕事の量で表したものを何というか。

9 仕事率

解説 仕事率〔W〕

$$=\frac{\text{仕事〔J〕}}{\text{かかった時間〔s〕}}$$

★□ 10 クレーンが 150 N の物体を 10 秒間に 3 m 持ち上げたときの9は何 W か。

10 45 W

解説 150〔N〕×3〔m〕＝450〔J〕

450〔J〕÷10〔s〕＝45〔W〕

滑車や斜面を使った仕事

質量 100 g の物体にはたらく重力の大きさを 1 N とする。

☆□11 右図のように、滑車(かっしゃ)を使って質量 20 kg の物体を 2 m 引き上げた。滑車やひもの質量、摩擦(まさつ)はないものとすると、物体にした仕事は何 J か。

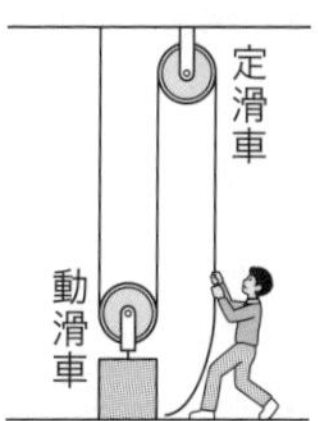

□12 11で、物体を 2 m 引き上げる間に、人はひもを何 m 引き下げるか。

☆□13 11で、人がひもを引いた力は何 N か。

☆□14 右図のように、摩擦のない斜面(しゃめん)を使って、質量 10 kg の物体を 3 m の高さまで引き上げた。物体にした仕事は何 J か。

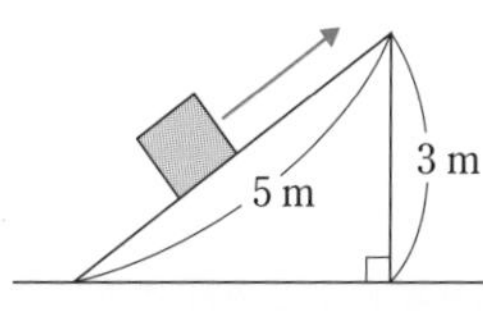

☆□15 14で、斜面に沿って物体を引き上げるのに必要な力は何 N か。

□16 道具を使って仕事をしても、使わないで仕事をしても仕事の大きさは変わらない。このことを何というか。

11 **400 J**

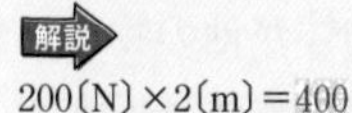

解説 200〔N〕×2〔m〕=400〔J〕

12 **4 m**

13 **100 N**

解説 動滑車を使うと、ひもを引く長さは物体を引く長さの 2 倍になるが、引く力は $\frac{1}{2}$ になる。

14 **300 J**

解説 100〔N〕×3〔m〕=300〔J〕

15 **60 N**

解説 300〔J〕÷5〔m〕=60〔N〕

16 **仕事の原理**

記述力アップ！

Q 図のように、質量 40 g の動滑車を使って、質量 500 g のおもりを床(ゆか)から 10 cm の高さまで持ち上げたとき、必要な力の大きさは 2.7 N、糸を引いた距離(きょり)は 20 cm で、かかった時間は 3 秒だった。このときの仕事率は何 W か、求める過程も答えなさい。ただし、糸の質量、糸と滑車の間にはたらく摩擦、糸ののび縮みは考えないものとする。［秋田］

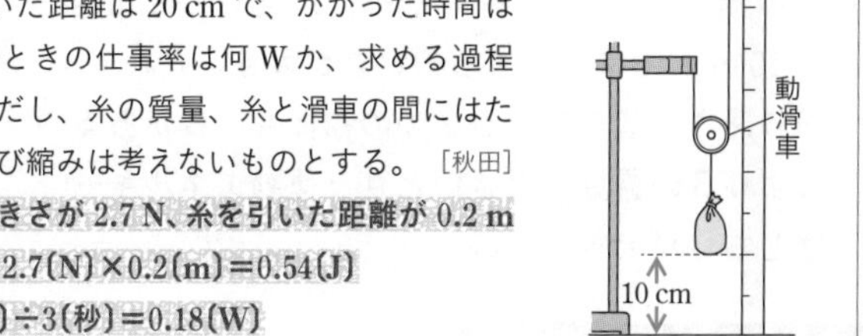

A **持ち上げた力の大きさが 2.7 N、糸を引いた距離が 0.2 m なので、仕事は、2.7〔N〕×0.2〔m〕=0.54〔J〕**
仕事率は、0.54〔J〕÷3〔秒〕=0.18〔W〕

解説 仕事は、$\frac{40+500}{100}$〔N〕×0.1〔m〕=0.54〔J〕と求めることもできる。動滑車を用いると、力の大きさは半分になり、糸を引く距離は 2 倍になる。

月　日

5 力学的エネルギーの保存

中3　重要度

物体のもつエネルギー

□ 1 物体が他の物体に仕事をすることができるとき、その物体は何をもっているというか。

1 エネルギー

□ 2 1の単位には何を用いるか。

2 ジュール(J)

□ 3 高いところにある物体がもつエネルギーを何というか。

3 位置エネルギー

□ 4 3つの物体**ア**～**ウ**が下図のような高さにあり、**ア**と**イ**は質量が同じである。**ア**と**イ**では、どちらの位置エネルギーが大きいか。

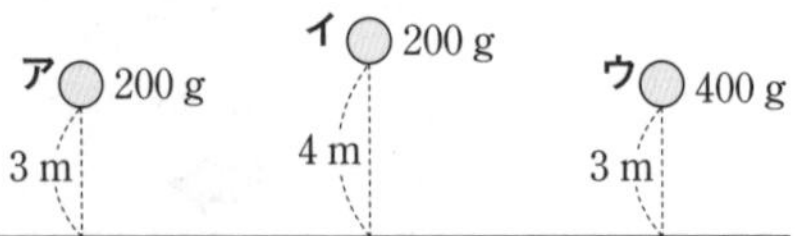

4 イ

解説 **ア**と**イ**は質量が同じなので、物体の位置が高い**イ**の位置エネルギーのほうが大きい。

□ 5 4で、**ア**と**ウ**では、どちらの位置エネルギーが大きいか。

5 ウ

★□ 6 物体の位置エネルギーの大きさは、物体の位置が高いほどどうなるか。

6 大きくなる

★□ 7 物体の位置エネルギーの大きさは、物体の質量が大きいほどどうなるか。

7 大きくなる

□ 8 運動している物体がもつエネルギーを何というか。

8 運動エネルギー

★□ 9 ある物体の運動エネルギーは、速さが7 m/sと10 m/sでは、どちらのときが大きいか。

9 10 m/sのとき

★□ 10 同じ速さで進んでいる2つの物体**A**、**B**がある。**A**より**B**の質量が大きいとき、運動エネルギーはどちらが大きいか。

10 B

力学的エネルギーの保存

★□ 11 位置エネルギーと運動エネルギーの和を何というか。

11 力学的エネルギー

□12 右図のように、机の上から小球を落としたとき、小球はa～dの位置を通った。位置エネルギーと運動エネルギーが最も大きいのは、それぞれa～dのどれか。

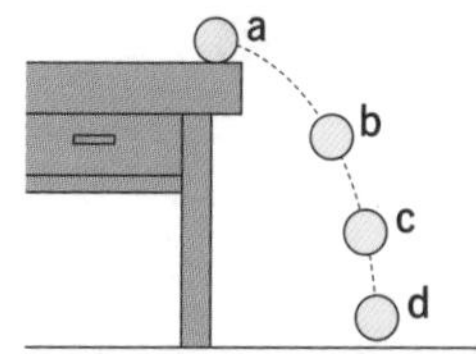

12 位置エネルギー a
運動エネルギー d

□13 図で、a～dの位置にある小球がもつ力学的エネルギーの大きさにはどのような関係があるか。

13 すべて等しい

★□14 右図のような面上の点Aに小球を置くと、小球は面に沿って運動し、点B～Dを通った。面の摩擦(まさつ)や空気の抵抗(ていこう)はないものとすると、Bの位置で最も大きくなるのは、何エネルギーか。

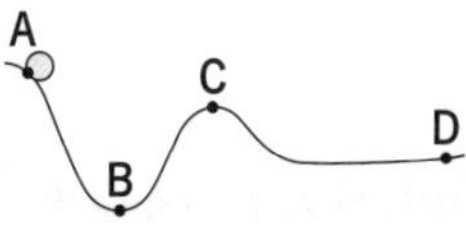

14 運動エネルギー

★□15 図で、小球のもつ位置エネルギーが最も大きいのはA～Dのどこか。

15 A

★□16 図で、一定に保たれている小球のもつエネルギーは、何エネルギーか。

16 力学的エネルギー

解説 力学的エネルギーは一定に保たれる。これを力学的エネルギー保存の法則という。

生物 地学 化学 物理

記述力アップ！

Q 図Ⅰのように、糸でつるしたおもりを位置Aから静かにはなすと、おもりは位置Bを通過する。おもりが再び位置Aまで戻(もど)ってきたときに、図2のように糸を切ると、おもりは自由落下し、水平面からの高さが、位置Bと同じ位置Cを通過する。図Ⅰでおもりが位置Bを通過するときの速さと、図2でおもりが位置Cを通過するときの速さは等しくなる。その理由を、「減少」という語を用いて述べなさい。ただし、摩擦や空気の抵抗はないものとする。[山口]

図Ⅰ

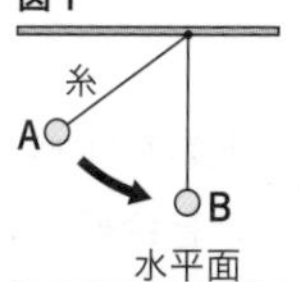

図2

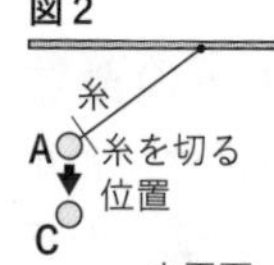

A **減少するおもりの位置エネルギーの量が、位置Aから位置Bまで移動するときと位置Aから位置Cまで移動するときで等しいから。**

解説 力学的エネルギー保存の法則から、はじめの位置が同じとき、減少する位置エネルギーの量が同じならば、増加する運動エネルギーの量も同じなので、速さは等しい。

月　日

物理　図表でチェック ❸　中3

問題 図を見て、＿＿にあてはまる語句や数値を答えなさい。

1 水による圧力

□(1) 右図は、水中の物体に加わる力を矢印で表したものである。この水による圧力を **水圧** といい、**あらゆる** 向きから物体に加わる。

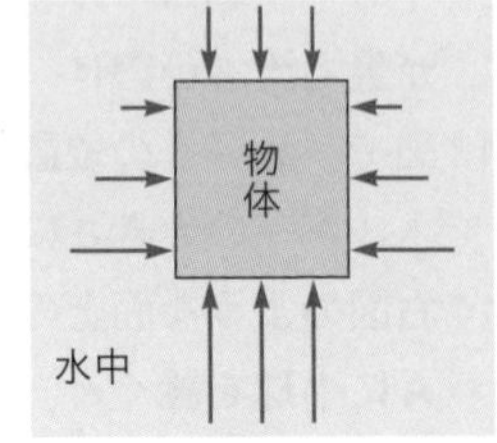

□(2) 物体の上面と底面にはたらく水による圧力の差によって生じる力を **浮力**（ふりょく） といい、物体に対して **上** 向きにはたらく。

□(3) 図のように、物体が水中に沈（しず）んでいる場合、物体の深さが深くなると、物体に加わる水圧は **大きくなる** が、浮力の大きさは **変わらない** 。

2 斜面上（しゃめんじょう）の物体にはたらく力

□(1) 右図の台車にはたらく力**ア**～**エ**のうち、台車にはたらく重力は **エ** 、斜面に垂直な分力は **ウ** 、斜面方向の分力は **イ** 、斜面が台車を押（お）し返す力は **ア** である。また、**ア**の力のことを **垂直抗力**（すいちょくこうりょく） という。

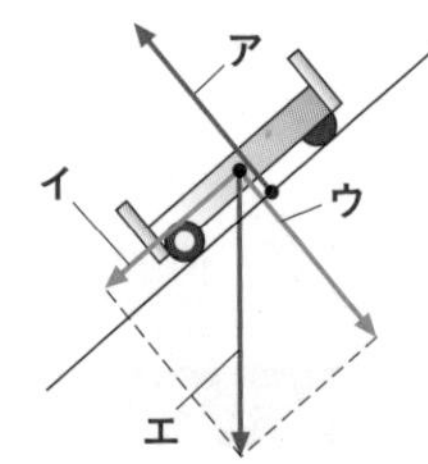

□(2) 右図の**ア**～**エ**の力のうち、斜面の傾（かたむ）きが大きくなると、力の大きさが大きくなるのは **イ** である。

3 台車の運動

□(1) 右図は、台車の運動を記録タイマーで記録し、切ったテープを台紙にはりつけたものである。グラフの0.1秒ごとのテープの長さは台車の速さを表しており、時間と台車の速さの間には **比例** の関係がある。

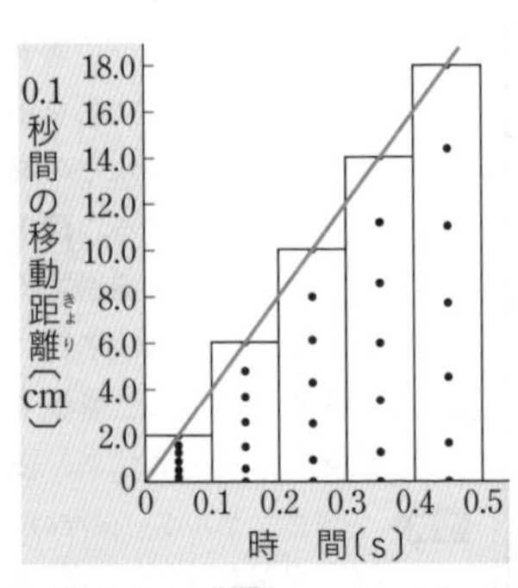

□(2) グラフから、台車の速さは時間がたつにつれて **速くなっている** ことがわかる。

□(3) グラフから、台車は0.3秒から0.4秒の間、0.1秒間で **14.0** cm進むので、このときの平均の速さは **140** cm/sである。

4 力をおよぼし合う運動

□(1) 右図のように、2つの同じ棒磁石AとBを用意し、S極どうしを向かい合わせた。棒磁石の下には、動きやすいように棒を並べてある。

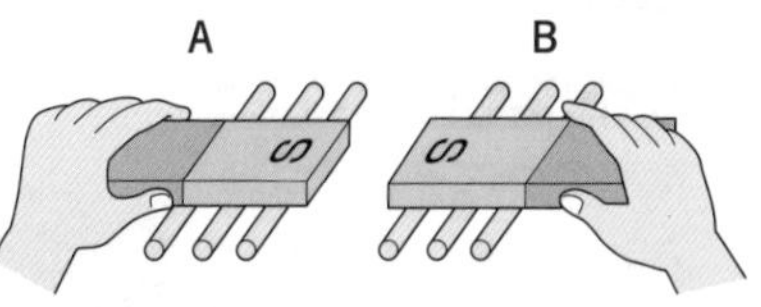

Aの棒磁石をおさえたまま、Bの棒磁石の手をはなすと、Bは 右 向きに動く。また、Bの棒磁石をおさえたまま、Aの棒磁石の手をはなすと、Aは 左 向きに動く。

□(2) 両方の手を同時にはなすと、Aは 左 向きに動き、Bは 右 向きに動く。

□(3) (2)のときに、Aにはたらいた力とBにはたらいた力は、向きが 反対 で、大きさが 等しい 。このとき、一方の力を 作用 といい、もう一方の力を 反作用 という。

5 斜面(しゃめん)を使った仕事

□(1) 右図のように、摩擦(まさつ)のない斜面に沿って、質量3 kgの物体を4 mの高さまで引き上げた。100 gの物体にはたらく重力の大きさを1 Nとすると、この物体を垂直に4 m引き上げるのに必要な力は 30 Nである。

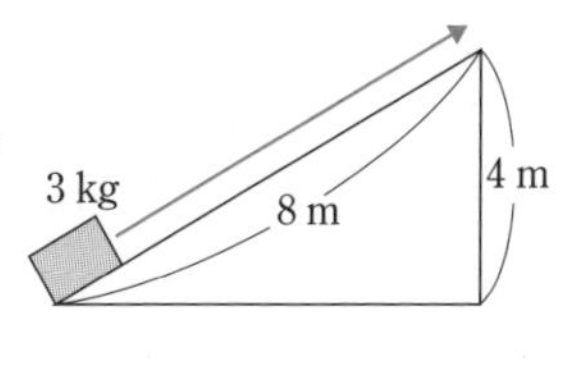

□(2) (1)のときにした仕事は、30〔N〕× 4 〔m〕= 120〔J〕
このとき、斜面に沿って引く力は、120〔J〕÷ 8 〔m〕= 15〔N〕

6 力学的エネルギー

□(1) 右図のようなふりこで、おもりを点Aではなしたところ、おもりは点Dまで上がった。運動エネルギーが最も大きいのは点 B にあるときである。

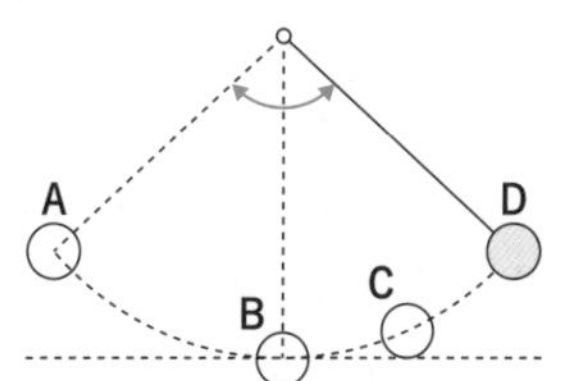

□(2) 位置エネルギーが最も大きいのは点 A と点 D にあるときである。

□(3) 位置エネルギーと運動エネルギーの和を 力学的エネルギー といい、つねに 一定 に保たれている。

月　日

1 エネルギーとエネルギー資源

中3　重要度

エネルギーの変換と保存

□1 電車の中にそなえつけられている、次のA～Cの器具は、それぞれどのようなはたらきをするか、下のア～ウから選べ。

A 蛍光灯（けいこうとう）　B スピーカー　C モーター

ア 運動エネルギーを列車にあたえる。

イ 光エネルギーを車内に出す。

ウ 音エネルギーを出す。

□2 1のA～Cの器具で利用されるエネルギーは、すべて同じエネルギーが移り変わったものである。何エネルギーが移り変わったか。

★□3 エネルギーは互（たが）いに移り変わっても、エネルギーの総和は変化しない。このことを何というか。

★□4 消費したエネルギーに対する、利用できるエネルギーの割合を何というか。

□5 白熱電球、蛍光灯、LED電球のうち、4が高いのはどれか。

!□6 エネルギーを利用する効率をよくするためには、何の発生を少なくするか。

□7 光源や熱源から離（はな）れていても、光があたっている面が熱くなる熱の伝わり方を何というか。

□8 あたためられた気体や液体が移動して、全体に熱が伝わることを何というか。

□9 金属をあたためると、あたためているところから順に熱が伝わっていく。このような熱の伝わり方を何というか。

---

1 A イ
B ウ
C ア

2 電気エネルギー

3 エネルギーの保存(エネルギー保存の法則)

解説 エネルギーが移り変わる過程で、摩擦（まさつ）などによって、音や熱のエネルギーが発生してもエネルギー全体の量は変わっていない。

4 (エネルギー)変換（へんかん）効率

5 LED電球

6 利用できないエネルギー

7 放射(熱放射)

8 対流

9 伝導(熱伝導)

エネルギー資源の利用

□10 電気エネルギーの多くは、原子力発電と水力発電とあと何という発電によって得られているか。

□11 下図は、火力発電における電気エネルギーを得るまでのエネルギーの移り変わりを表している。①〜③にあてはまる語句を答えよ。

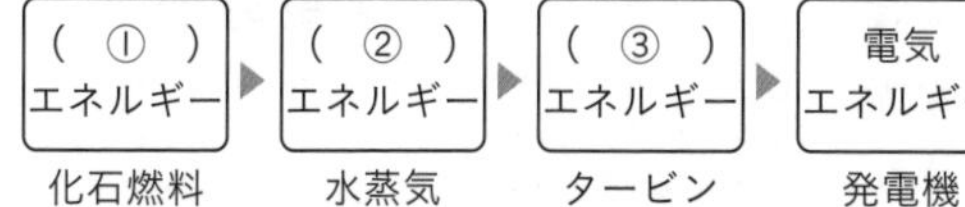

□12 火力発電に使われる化石燃料を3つ答えよ。

□13 次は、再生可能エネルギーを使った発電の例である。①〜③にあてはまる語句を答えよ。

・風の運動エネルギーを利用する(①)発電

・太陽の光エネルギーを利用する(②)発電

・生物資源を利用する(③)発電

10 火力発電

11 ① 化学
② 熱
③ 運動

12 石油、天然ガス、石炭

13 ① 風力
② 太陽光
③ バイオマス

解説 ほかにも、地下のマグマの熱エネルギーでつくられた水蒸気を利用する地熱発電などがある。

思考力アップ！

Q 図のように、滑車(かっしゃ)つきモーターでおもりを持ち上げるための装置を組み立てた。スイッチを入れて滑車つきモーターを回転させたところ、250 g のおもりを 0.60 m 持ち上げるのに 2.0 秒かかり、この間、電流計と電圧計の値はそれぞれ 0.60 A、5.0 V を示した。このとき、モーターがおもりにした仕事は何 J か、小数第1位まで求めなさい。また、エネルギーの変換(へんかん)効率は何％ですか。ただし、100 g の物体にはたらく重力の大きさを 1 N とする。 [岩手]

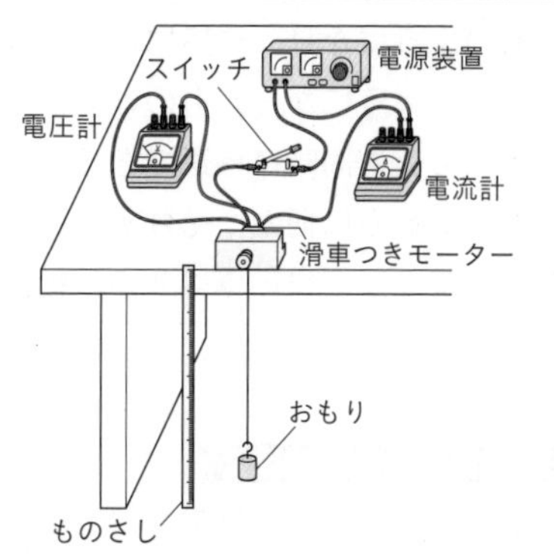

A 仕事 1.5 J　変換効率 25 %

解説 250 g のおもりにはたらく重力の大きさは 2.5 N なので、モーターがおもりにした仕事は、2.5〔N〕×0.60〔m〕=1.5〔J〕である。使用した電力量は、5.0〔V〕×0.60〔A〕×2.0〔s〕=6.0〔J〕なので、エネルギーの変換効率は、$\frac{1.5〔J〕}{6.0〔J〕}\times 100 = 25$〔%〕である。

2 科学技術の発展と自然環境

中3　重要度

月　日

科学技術の発展

□ 1 1980年代から処理技術(ソフトウェア)の革新と小型化が進み、情報の入手と伝達を容易にさせたものは何か、2つ答えよ。

□ 2 コンピュータの進歩は、大容量のデータの蓄積(ちくせき)が可能な光磁気ディスクやCD、DVDなどの、何の開発をうながしたか。

□ 3 コンピュータどうしを結ぶことで、時と場所を選ばず情報交換(こうかん)ができるようになった通信手段を何というか。

□ 4 イギリスのワットが改良・開発した動力源は何か。

□ 5 4の発明が産業を進歩させ、その後、動力源は何に移り変わったか、2つ答えよ。

□ 6 内燃機関の発達により、現在では、多くの人がもつようになり、交通においては大きな役割をしめるようになったものは何か。

□ 7 多くの人を同時に移送できる電車と飛行機の動力源はおもに何か、それぞれ答えよ。

□ 8 ハイブリッド自動車は2つの動力源をもつ。その動力源は何と何か。

資源の利用と環境保全

★□ 9 プラスチックの一種で、ペットボトルの原料であるものを何というか。

□ 10 PEと略されるプラスチックは何か。

★□ 11 燃料、プラスチックや合成繊維(せんい)などの生活用品、薬品などの化学製品の合成に欠かせない資源は何か。

---

1 コンピュータ(ノートパソコン)、スマートフォン

2 記憶媒体(きおくばいたい)

3 インターネット

4 蒸気機関

5 内燃機関、モーター

解説 内燃機関は、ガソリンエンジンなど。

6 自動車

7 電車 モーター
飛行機 ジェットエンジン

8 内燃機関(ガソリンエンジン)と(電気)モーター

9 ポリエチレンテレフタラート(PET)

10 ポリエチレン

解説 破れにくく、水に強いので、レジ袋(ふくろ)などに使われる。

11 石　油

□12 半導体からなる発光ダイオード(LED)は、電気エネルギーを何エネルギーに変える技術か。

12 **光エネルギー**

□13 遺伝子の本体がDNAであることが明らかになった20世紀後半からは、利用しやすい作物をつくるために、何の技術が向上したか。

13 **品種改良**

□14 リサイクルについて、次の文の①〜③にあてはまる語句を答えよ。

リサイクルの形態には、(　①　)の物質をそのまま再利用する方法、熱や圧力などを加えて、もとの(　②　)の物質までもどしてから再利用する方法、廃棄物を焼却する際に発生する(　③　)エネルギーを回収・利用する方法がある。

14 ① **材料**
② **原料**
③ **熱**

解説 廃棄物の再資源化をリサイクルという。

思考力アップ！

Q 次の文について、あとの問いに答えなさい。 [長野一改]

金属とプラスチックは、[①]、[②]という点で共通した性質をもつが、異なる性質もある。金属は、[③]という点や耐熱性から、鍋などの調理器具に多く利用されている。一方、プラスチックは軽く、持ち運びやすい。また、[④]という性質もあり、感電などを防ぐために電気製品に利用されている。しかし、プラスチックの性質から、その普及にともなう問題も生じている。

(1) 上の文の①〜④にあてはまる語句を、次の**ア**〜**オ**からそれぞれ選べ。

ア 電気を通しにくい　**イ** 燃えにくい　**ウ** くさらない
エ さびない　**オ** 成形や加工がしやすい

(2) 下線部について、近年、小さなプラスチックの破片がいたるところで見つかり問題になっている。この原因の1つは、同じ有機物である木にはない、プラスチックに共通する性質によるものである。それはどのような性質か。

A (1) ① **ウ**　② **オ**　③ **イ**　④ **ア**　(①と②は順不同)
(2) **自然の中で分解されにくい性質**

解説 プラスチックには多くの有用な特徴があり、いろいろな用途で広く用いられている。一方、ゴミとして自然界に流出すると、微生物によって分解されにくいため、いつまでも自然界に残り続け、環境を汚染する。特に、海洋で深刻な問題となっている。

月　日

物理 図表でチェック ❹ 中3

問題 図や表を見て、＿＿にあてはまる語句を答えなさい。

1 エネルギーの変換

□(1) 右図は、**原子力** 発電を表しており、図中のAが **核** エネルギー、Bが **熱** エネルギー、Cが **運動** エネルギー、Dが **電気** エネルギーである。

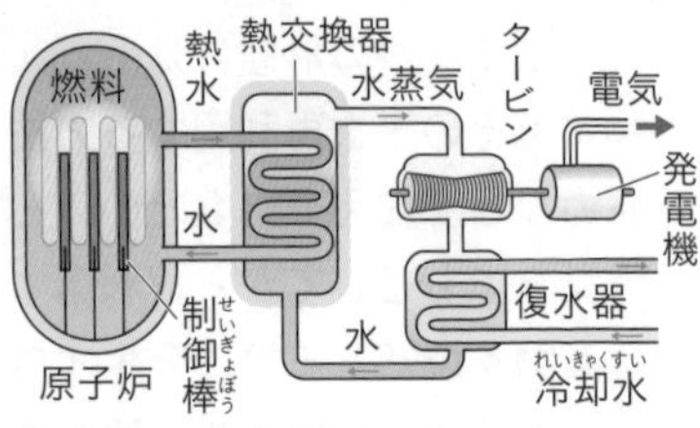

□(2) この発電方法では少量の燃料で大きなエネルギーが得られるが、**核燃料** から発生する **放射線** は大変危険なので、安全な管理が必要である。

□(3) 現在、日本では **火力** 発電の割合が最も大きいが、この発電方法では石油や石炭、天然ガスなどの **化石燃料** を燃焼させたときに、**地球温暖化** の原因となる **二酸化炭素** が発生する。

□(4) 化石燃料やウランには限りがあるため、太陽光、地熱、バイオマスなどの **再生可能** エネルギーを使った発電も研究されている。例えば、風力発電は、風の **運動** エネルギーを電気エネルギーに変換している。

2 プラスチック

□(1) プラスチックは、原料である **石油** の量に限りがあるため、**リサイクル** することが大切である。

種　類	略語	密度〔g/cm^3〕
ポリエチレン	PE	0.92 ～ 0.97
ポリプロピレン	PP	0.90 ～ 0.91
ポリ塩化ビニル	PVC	1.20 ～ 1.60
ポリスチレン	PS	1.05 ～ 1.06
ポリエチレンテレフタラート	PET	1.38 ～ 1.40

□(2) プラスチックごみの分別には **密度** の違いを利用することができる。例えば、ペットボトルを密度1 g/cm^3 の水に入れたとき、本体(PET)は **沈む** が、ふた(PP)は **浮く** ため、簡単に分別することができる。

□(3) 波の力などで細かくなった **マイクロプラスチック** が魚などの体内にたまることで、人間も含めた生態系へ悪影響をおよぼすと心配されている。

□(4) 微生物の力で分解できる **生分解性プラスチック** の開発も進められている。